JN027960

私たちは何を知らないのか

宇宙物理学の未解決問題

ローレンス・クラウス

長尾莉紗　北川 蒼◆訳

KADOKAWA

THE KNOWN UNKNOWNS
THE UNSOLVED MYSTERIES OF THE COSMOS

by LAWRENCE M. KRAUSS

私たちは何を知らないのか

宇宙物理学の未解決問題

大変な時期に惜しみないサポートをくれた家族と真の友人たちに

無知であること、なんの目的もなく神秘の宇宙で途方に暮れることに恐れは感じない。
私の知る限り、世界とはそういうものなのだから。

——リチャード・P・ファインマン

ご存じのとおり、既知の知というものがあります。すでに知られている情報として認識されているものです。一方、既知の未知というのもあります。つまり私たちは、自分の知らない情報が存在するということをわかっているのです。そしてさらに、未知の未知もあります。自分が知らないということさえ知らない領域です。

——ドナルド・ラムズフェルド

はじめに

科学において最も重要な言葉、それは「わからない」である。気づきはそこから始まる。なぜなら、わからないということはつまり、無限の機会が宇宙のように広がっていること、発見と驚きの可能性がまだ眠っているということだからだ。

歴史を振り返っても、宇宙に関しては私たちが知っていることよりも知らないことの方がはるかに多くあり続けている。こう言うと、人類はほとんど何も知らないのだと受け取られてしまうかもしれない。だが実際、私たちはそれなりにたくさんのことを知っており、その知識がもっと多くを学ぶための導きとなっている。まだ宇宙にいくつも謎が残っているという認識があるからこそ、研究機関は長期的にも希望をもつことができ、当然ながら宇宙関連の仕事は安定する。

近代科学の誕生から４００年、世界に対する私たちの理解はいまや直接経験できない範囲にまで及び、さらに拡大しつづけている。しかし、我々の宇宙の存在をめぐる根本的な謎は残ったままだ。

私たちの住む宇宙はどのようにして始まったのか、そもそも始まりはあるのか？

どのようにして終わるのか？

宇宙の大きさは？

目に見えるものの向こう側には何がある？
どんな法則が私たちの存在を形づくっているのか？
その法則はどの場所でも同じなのか？
私たちが経験しているこの世界は何でできている？
まだ知られていない事実とは？
地球上の生命はどのようにして誕生したのか？
生命は地球にしか存在しないのか？
意識とは？
意識は人間だけに備わっているものなのか？

こうした疑問は人々の探究心を駆り立ててやまない。まるで暗い森の奥へ奥へと進むように、尽きることのない宇宙の謎はいっそう深く、胸躍らせるものになっていく。歴史が教えてくれるとおり、何かが発見されるたびに新たな疑問が生まれ、その根本的な疑問の意義について新たな視点が得られる。

謎とは動く標的であり、科学の最先端、つまり未知への入り口である。その入り口を探ることは、科学がどこまで進歩したかを深く理解することと同義だ。それこそが本書の目的である。
何が未知なのかを正確に把握するためには、ある程度の知識が必要だ。科学分野でキャリアを積もうとなればかなりのものが求められ、そこまでの知識を蓄えた時点で人は学習者からプロの研究者になる。しかし、現在知られていることの限界をすべて完全に理解しようというのではなく、基本的な考え方を学ぶだけならもっと気楽にできる。

本書はそんな考え方を紹介するためのものだ。先ほど羅列した大きな未解決の謎を中心に、時間、空間、物質、生命、意識の章にざっくりと分けて構成した。各章の冒頭には、その章で扱う謎をまとめてリストアップしてある。結果として、本書が無知ではなく知を称(たた)えるものになればと願う。私たちの住む宇宙について考え、その存在に感謝することへの手引きとなるように。

物理学者のリチャード・P・ファインマンは、最終的には宇宙のすべての現象を説明できる単一の理論が生み出されるものだろうかと考えた。しかし彼自身それはなさそうだと感じ、私も同感だ。それでも彼が述べたように、たとえタマネギの層が無限に重なっているようなものがこの宇宙で、新たな発見があるたびに層が1枚剝(は)がれるだけだとしても、彼にとっては十分だった。ファインマンはただ、常に前の日よりも宇宙について知っていたかったのだ。そして一つ多くのことを知るたび、驚きを感じていたのではないだろうか。

なぜなら、私にとってもそれこそが宇宙の最大の魅力なのだから――宇宙は尽きることのない驚きをくれるのだ。自然は人間の想像力をはるかに超えている。私自身の仕事で、驚きのない日があったらむしろ驚きだ。

私たちは実験によって探究を続けなければならない。理論や推論だけでは間違った道を進んでしまうだろう。実験することによって、正しい道から逸(そ)れず真実に対して誠実でいられるのだ。私たちは自然がつくった道を辿(たど)ろうとするが、標識はあらかじめ隠されているし、常に目的地が明確であるわけでもない。

ここで、物議をかもしたドナルド・ラムズフェルド元アメリカ国防長官の発言が思い浮かぶ。最もエキサイティングな科学的発見は概して「未知の未知」に関わるものだ。そこにこそ最大の驚きがあり、その発見から新たな知の軌跡が始まるのだから。

とはいえ、もし未知の未知が何であるかがわかれば、それはもはや未知の未知ではない。したがって、最大限の知識、そしておそらく最大限の想像力をもって私たちが自然について考えをめぐらすときには、知らないとわかっているもの、つまり「既知の未知」で満足するしかない。幸い、既知の未知を探究しつづけることで思いがけない答えや新たな疑問が得られることも少なくない。

1世代後の未来には、本書で私が謎として挙げるものの多くが古臭く、稚拙にさえ感じられていることを心から願う。謎自体は変わらず残るとしても、それらに対する見方はまるで変わっていることだろう。その時代を生きる人にとって本書は、科学の進歩を改めて感じさせるものになるかもしれない。1930年の出版時、世の中の科学的認識に大きな影響を与えたジェームズ・ジーンズの名著『The Mysterious Universe』（邦訳『神秘の宇宙　新物理学の宇宙像』恒星社）が、刊行から1世紀近く経った今を生きる私たちにそう感じさせてくれるように。

私はぜひ生きてそのときを見届けたい。

私たちは何を知らないのか　宇宙物理学の未解決問題◎目次

space

2 空間 59

matter

3 物質 95

Life

4 生命

5 consciousness

意識 213

図版作成　小林美和子／ＤＴＰ　オノ・エーワン

本文内、［　］は訳者による注です

1 時間

TIME

時間は普遍なのか

時間に始まりはあるのか

時間に終わりはあるのか

タイムトラベルは実現可能か

失われた時間は二度と取り戻せない。

ベンジャミン・フランクリン

われわれはね、ピルグリム君、今この瞬間という琥珀（こはく）の中に閉じ込められているんだ。理由などない。

カート・ヴォネガット

今ここにいることが大切なんだ。過去や未来なんてない。時間というものは実に誤解されやすい。いつだって、存在するのは今だけだ。過去から経験を得ることはできても、過去を再び生きることはできない。また、未来に望みをかけることはできるけれど、未来が存在するのかどうかはわからない。

ジョージ・ハリスン

時間は根源的な存在か、幻想か

時間とは何よりも個人的なものだ。人生のなかで起こるドラマをつなぐ糸であり、優れた文学もそうでない文学でも中心にあるのはいつも時間だ。時間が存在するからこそ人は悲劇に胸を痛め、冒険に胸を躍らせる。ところが、時間という概念はいまだ多くの謎に包まれているため、その存在自体を真剣に疑う人もいる。

アルベルト・アインシュタインは、相対性理論について説明する際に、素敵な人と話していると1時間が1分に感じられるが、熱いストーブの上に座っていたら1分が1時間に思えるものだと言った。冗談混じりとはいえ、この言葉には重要な真実が含まれている。つまり、時間の流れに対する感じ方は、退屈しているとか興奮しているといった、心の状態によって変わってくるのである。

ただし、どんな心理状態であろうと時間は貴重なものだ。医学の進歩のおかげで私たちの多くは聖書に記されている寿命の70歳を超えて生きられるようになった。それでも、この世にいられる時間は限られている。ベンジャミン・フランクリンの言葉「時は金なり」を言い換えれば、同じ時間をリピートして生きることはできない。ひどい映画で時間を無駄にしたことのある人ならわかるだろうが、失われた時間は戻ってこないのだ。

物理学は時間を根源的な存在とみなすのか、それとも時間は幻想にすぎないのか。これまで、そんな哲学的ともいえる問いがさまざまに論じられてきた。この問いについてはのちに短く触れるが、多くの哲学的議論と同じように、物理学者をはじめすべての人の頭を実際に悩ませる重要な問題を見落としているようにも思う。結局のところ、時間が私たちの日常生活のほぼすべてを支配しているという事実は否定できないという点だ。時間は幻想かもしれない——そう言われたところで、駅のホームまで走ったのに5時50分発の通勤電車にぎりぎり乗り遅れてしまった人にはどうでもいいことだろう。

アインシュタインが物理量としての時間の概念を変えたのも、列車についての考察がきっかけだったという。

当時、長距離を移動するときに行く先々で時計を正確な時刻に合わせることは難しく、時刻の調整は大きな課題となっていた。国際貿易や戦争がたいてい海の上で行なわれる時代だったのだからなおさらだ。目的地に対する自分の位置を知るためには、海上を東西に移動しながら現在地の経度を正確に把握しつづけなければならなかった。

そしてそれは、太陽の位置から判断する現在地の時刻と経度0度の場所の時刻とを比較して初めて可能となる。そのためには長期の航海の間ずっと正確に時を刻める時計が必要だった。

経度の測定を重要視したイギリスでは、１７１４年に議会が測定法の開発に対して懸賞金を設け、測定結果の精度に応じて開発者に1万から2万ポンド〔現在の価値で１００万〜２００万ポンド（約１億８４００万円〜３億６７００万円）〕を与えると発表した。１７３０年、大工であり時計職人でもあったジョン・ハリソンはマリンクロノメーター（船舶用精密時計）の設計を始め、30年かけて完成させた。装置は賞金に値する精度をもっていた。30年間の努力に対して彼は最終的に2万ポンド以上を受け取ったが、デーヴァ・ソベルが名著『Longitude』（邦訳『経度への挑戦』角川書店）で述べているように、イギリスの経度評議委員会は、階級の低い時計職人である彼が受賞者であることを決して正式には認めようとしなかったという。

その後、世界の端から端まで、どこにいても比較的高い精度で時計の時刻を合わせられるようになったことで、地球上に普遍の時間軸が生まれた。現在ではグリニッジ王立天文台の時刻が「協定世界時」と定められている。

グリニッジ標準時が定められる以前は、各地域の自治体が太陽の位置をもとに現地の時刻を決めていた。しかし、鉄道が開通して長距離を高速で移動できるようになると、町を一つ通過するたびに列車の時計を合わせ直さなければならなくなった。つまり、時刻の標準化がもたらされたきっかけは鉄道での移動が始まったことだとも言える。

19世紀、人々が列車で移動するようになると村と村の間で時刻の調整が必要になり、これが時間の計測に対するアインシュタインの興味をかきたてた。当時、彼はベルンのスイス特許庁に勤めていた。スイスではほぼすべての都市で数分おきに列車が駅を出発し、現代でもこの国の列車はまず遅れないことで有名だ。以前、私はチューリッヒ大学（アインシュタインが最終的に博士号を取得した大学）を毎夏訪れていたが、昔からチューリッヒでは電車を基準に時計を合わせると聞いていた。実際、そのとおりだった。携帯電話もアップルウォッチもない時代には大いに助かった。

アインシュタインの類まれなる問いかけ

アインシュタインは、それまで自ら行なってきたほとんどの研究と同じく、誰もが当たり前だと思っている前提を疑うことから始めた――今回は、「自分が感じている時間は誰もが同じように感じる普遍的な時間だ」という考えである。のちにジョージ・ハリスンが表現した感覚や、私がこの章の冒頭で述べてきたことを、アインシュタインは「私たちが測定できる時間は自分が今いる場所で経験する時間のみだ」という一つの仮定に昇華させたのだ。

この二つの何が違うのかと思えるかもしれないが、私たちはこの世界での経験から、自分の腕時計で測る時間は隣の部屋で測られる時間と同じはずだと思い込んでいる。この想定が正しいかどうかは、実験によって確認されなければならない。そしてアインシュタインが言ったように、実験の過程と結果を正確に検証してみれば、その想定が必ずしも正しくないとわかる。

私たちは自分がいる場所の時間を直接経験しているが、他の場所における時間の流れに関する知識はすべて、離れた場所から有限の時間をかけて送られてくる情報によるものだ。そうした遠隔の観測で得られた情報をもとに推測を行なうのである。

光はとても速く進むので、自分の身の回りの出来事がすべて同時に起こっていると感じるのも当然だ。出来事が発生してから観察するまでの時間のずれを感知することは事実上不可能なのだから。しかし、アインシュタインは、常識とされるこの前提に疑問を投げかけた。当時の最先端の物理学には矛盾が存在すると気づいたからだ。

その40年前、偉大な理論物理学者ジェームズ・クラーク・マクスウェルの手により、同じく偉大な実験物理学者マイケル・ファラデーが行なった画期的な実験をもとにして、電磁気学の理論が確立された。その理論は、光は電磁波であり、その伝搬速度は自然界に存在する二つの基本定数によって決まると予測するものだ。二つの基本定数とは、二つの電荷の間に作用する電気力の大きさと、二つの電流ループ間に作用する磁気力の大きさである。マクスウェルは、これらの定数は宇宙そのものの根本的な性質を反映していることから、誰が観測しても同じ値になると考えた。

アインシュタインはこの結論について、観測する者の運動状態に関係なく、観測対象である光源に近づこうが遠ざかろうが、すべての観測者が自分の運動速度に対する光の相対的速度を同じ値として測定するということだ、と考えた。もしそうでないとしたら、観測者が変われば測定される電気力と磁気力の性質も変わることになる。マクスウェルの理論における普遍性と相反する現象だ。

アインシュタインはマクスウェルの理論を、観測者の状態を考慮に入れない基本的な前提としてとらえることにした。しかし、そこには問題が生じると気づいた。なぜなら、常識で考えると、自分が光源に向かって動いていれば、その場にじっと立っているときよりも光源が速くこちらに向かってくるように見えるからだ。道路脇に立ったまま見る車よりも対向車線を走ってくる車のスピードのほうが速く見えるのと同じである。

だが、常識とされるものが間違っているとしたら？　アインシュタインの大きな功績は、積極的にそういう疑問を投げかけたことにある。速度は一定の時間に進む距離によって決まるので、距離と時間の測定値が観測者によって変わるのであれば、光の速度は誰が観測しても一定であるとするマクスウェルの理論とも矛盾しない。つまり、相対的な運動状態にある二人によって観測された距離と時間のいずれもが異なり、結果として光の速度の測定値が両者で同じになるのなら、マクスウェルの理論の普遍性が成り立つのだ。

この大胆な発想のもと、アインシュタインはさらにあることに気づいた。彼の仮説は人々の日々の経験と矛盾するように思えるが、光の速度は人間がふだん経験する速度に比べて非常に大きいので、地球上の一人一人の観測者による距離と時間の測定値に差が生じても人間はそれを感知できないのではないか。結果として、そうした差が見過ごされてきたのかもしれない。

距離と時間が相対的なものであると仮定してしまえば、相対的な運動状態にある二人の観測者による空間と時間の計測値の差を正確に計算するには、高校レベルの代数学で事足りることもわかった。

計算そのものは単純だが、その計算式を導き出すためには問題を正しくとらえる必要があり、想像力が要(かなめ)とされた。

アインシュタインは、相対運動する二人の観測者による空間および時間の測定値の差を計算するために、「Gedankenexperimente（ドイツ語で「思考実験」の意）」と呼ばれる手段を用いた。スイスに住む彼が、思考実験に列車を、とりわけ列車に備えられた時計を取り入れたのは自然なことだった。

まずは、動く列車に設置された時計が駅のホームにいる観測者からどう見えるかを考えた。次に、動く列車の真ん中に乗っている観測者の持つ時計と時刻を合わせた時計を持つホームの観測者が、列車の先端と後端に設置された時計（これらも車内の観測者の時計と時刻を合わせてある）の時刻をどのように観測するかを考えた。最後に、ホームの観測者が列車の長さをどのように測定するかを考えた。

物理学入門の教科書ならこの思考実験の計算過程をここで説明するところだが、本書では実験結果を以下に紹介するだけで十分だ。

1　ホームにいる観測者にとって、動く列車の時計の針はゆっくり動いているように見える。

2　ホームの観測者にとっては、列車の前と後の時計は車内中央の時計と同じ時刻に見えない。ここから考えられるのは、二人の観測者がそれぞれ自分と空間的に離れた場所で起こる事象を別々の時間の流れのなかで測定するということだ。そうした事象では、ある観測者にとっての「前」は別の観測者にとっての「後」となりうる。

3　列車内の観測者が列車の進行方向に向けて定規を持つと、ホームの観測者には定規の長さが車内の測定値よりも短く見える。

これらいずれの場合においても、列車の速さvが光速cよりも小さいとき、二人の観測者による観測値の差の大きさはおよそ$\frac{v^2}{c^2}$となる。これは非常に小さな数字なので、アインシュタインが分析した当時、この現象が知られていなかったのも当然だ。

この差を測定できるようになった現代、アインシュタインの予測は実証された。時間と空間は相対的なものであり、「今」が客観的な意味をもつのは自分がいる場所で起こる事象についてのみである。つまり、「今」はこの宇宙全体に共通する普遍の概念ではないのだ。

アインシュタインの予測は奇妙なものだが、だからといって矛盾があるわけではない。そこに矛盾が感じられるのは、列車内の観測者の視点を考えたときである。観測するのはホームの観測者とまったく同じ事象だが、こちらはホームにある時計と定規を見る。このとき、両者とも相手側の時計は進みが遅く、相手の持つ定規のほうが短いと観測する。事象はそれぞれの視点で真逆になるのだ。

この事実を初めて聞いたときにほとんどの人は、そもそも二人の測定値の差はただの幻想であって客観的な現実を反映しているはずがないと考える。私の時計はあなたの時計で測ると進みが遅いが、あなたの時計も私の時計で測ると遅い、などということがどうしてありえようか？

しかしこれが矛盾していると言えるのは、時間の流れが普遍的で、自分の観測する値が自分のいる場所を超えた範囲でも客観的な価値をもつと仮定した場合のみである。そして、その仮定は正しくない。時間の流れは確かに観測者によって変わるのだ。測定値の差が幻想ではなく現実のものであることを示す例として、アインシュタインが提案した有名な「双子のパラドックス」問題を見てみよう。

一組の双子のうちの兄が、およそ光速で進む宇宙船に乗って25光年離れた星に行って帰ってくるとする。50年後、地球に残っていた弟が帰還した兄を迎えたとき、なんと兄はほとんど年を取っておらず、自分のほうが50歳年上になってしまっていた。

時間が普遍的でないなら、この話に矛盾はないように思えるかもしれない。地球から観測すれば宇宙船内の兄の時計はゆっくりと動いており、旅の間には1週間分しか針が進んでいないということもありうるからだ。

ここで問題が生じるのは、宇宙船内の兄の立場から考えたときである。つまり、兄にとっては地球にいる弟の時計の進みが遅くなるはずではないか？

この矛盾を解決する鍵(かぎ)は、兄は宇宙船での旅の間ずっと同じ速度で移動しているわけではないので兄弟の状況は真逆にはならない、という事実だ。宇宙船に乗った兄が星に到着してから向きを変えて戻ってくるためには、速度を落とし、いったん停止し、再び速度を上げる必要がある。このときには減速のあとに加速が続き、兄の背中は座席から浮いたのち再び座席に押し戻される（星の周りをぐるっと回って帰路に就くこともできるが、その場合も加速は発生する）。しかし、地球の弟はそのような加速を経験しない。

この場合、加速の結果として奇妙な事象が起こることは明らかである。数学的に計算してみると、弟の老化のほとんどは兄がUターンする間の短い時間に起こっているのだ。兄が引き返す前までは弟の時計のほうが遅れているが、Uターンのあとに宇宙船の超高性能望遠鏡で地球を見てみると、地球の時計に表示されている日付はこちらの時計より50年近くも先に進んでいるのだ！

でたらめな話だと思うなかれ。この双子のパラドックスは、実際に高感度原子時計［原子や分子の振動や遷移を利用し、極めて高い精度で時間を測る装置］を搭載した飛行機に地球を周回させて検証済みなのだから。飛行機が戻ってきたとき、搭載した時計は地上の原子時計に比べて確かに遅れていた。数百万分の1秒というわずかな遅れではあったが、アインシュタインの予測を実証するのには十分だ。

加速度運動する観測者が経験する時間の流れの奇妙さが、加速に対するアインシュタインの好奇心をかきたてたのだろう。彼はまったく異なる種類の別の思考実験を行ない（のちに詳しく説明する）、加速状態にある人に起こることはすべて、重力の影響下にある人にもまったく同じように起こるはずだと確信した。つまり、加速度運動する人の立場から行なわれる観測の結果は、静止しているが重力のある場所にいる人による観測結果とすべて同じになるという理論だ。

これを足掛かりとしてアインシュタインは、特殊相対性理論提唱の10年後に重力を主題とする一般相対性理論を導き出した［以後、特殊相対性理論を特殊相対論、一般相対性理論を一般相対論と記すこともある］。本書でこの理論の詳細までは触れないでおく。簡単に言うと、加速が時間の流れを客観的に測定可能なかたちで変化させるなら、重力も同じように時間の進みを変化させるはずだ、ということである。

時間の進みの違いが検証された

　これを初めて検証したのが、1959年から1960年にかけてハーバード大学の研究者ロバート・パウンドとグレン・レブカ・ジュニアが行なった独創的な実験だ。二人はハーバード大学物理学研究棟の屋上近くに放射線源としてコバルトを設置し、そこから放出されるガンマ線を鉄同位体［原子番号が等しく、質量数が異なる原子］^{57}Feの試料に吸収させた。それによって励起した［原子や分子が外からエネルギーを与えられ、エネルギーの低い安定状態からエネルギーの高い状態へと移ること］試料は、非常に限られた範囲のエネルギーをもつガンマ線を放出すると考えられる。つまりその周波数も、鉄原子核の基底状態［エネルギー的に最低の状態］と第一励起状態［エネルギーの最も低い励起状態］とのエネルギー差に対応する非常に限られた範囲のものとなる。そこから22・5m下、建物の地下室まで長い管が通され、その先には同様の鉄試料およびガンマ線検出器が設置された。屋上で放出されるガンマ線の周波数が地下室の鉄源に作用するガンマ線の周波数と同じなら、鉄源はガンマ線を吸収して高効率で原子核を第一励起状態にまで励起できる。

　1秒の間に上下を繰り返す周波を時計の針のようなものとして考えれば、光の周波数は精密な時計になる。鉄原子核が第一励起状態から基底状態に戻るときに放出されるガンマ線の場合、その時計の針は1秒間に10^{18}（100京）回以上の時を刻む。

　もし地下室の「時計」と、重力の影響がわずかに小さい屋上の「時計」が異なる速度で動くとすれば、放出・吸収される放射線の周波数が二つの場所で異なるはずだ。パウンドとレブカは、屋上の鉄源を上下に動かすことによってこの極めて小さな効果の確認に成功した。波の発生源が自分に対して静止しているときと比べて、近づいてくるときにはその周波数が高く、遠ざかっていくときには低く観測されるという有名なドップラー効果を利用したのだ。地下の実験室で静止している鉄源に対して屋上の鉄源を近づけたり遠ざけたりすることで、発する光の周波数をわずかに変化させたのである。

予想どおり、周波数を変化させると、屋上の鉄源が静止しているときよりもわずかに低い周波数で発した光を地下室の鉄源は多く吸収した。同様に、地下室の鉄源を動かすと、屋上の鉄源は地下室の鉄源が静止状態のときよりもわずかに高い周波数で発する光を多く吸収した。つまり、アインシュタインの予測どおり、地下室の鉄の「時計」は屋上の鉄の「時計」よりもゆっくりと時を刻んでいたのだ！

もともとアインシュタインが予測したのは極めて小さな差だったので、1960年当時にこれほど高感度の検証を実現したというのは驚異的で、まさに実験を工夫したことによる勝利だ。現在では、この検証に必要な精度をはるかに超える極めて高性能な原子時計がある。

地球の重力場はさほど大きくないので、一般相対性理論の効果はもっと単純なかたちでも理解できる。重力に逆らって進むとき、光はエネルギーを失う。周波数が低い光ほどエネルギー量が少なく、そのため光は周波数が低い方へ、波長が長い方へとずれる。赤色の光は可視光線のうち最も波長が長いことから、この現象は「重力赤方偏移」と呼ばれる。

この効果は極めて小さなものだが、前述のとおり、現代の技術なら直接の観測が可能だ。実際そのおかげで、重力赤方偏移は私たちの日常生活において大きな役割を担っている。携帯電話のGPSを頼りに歩いたり車の運転をしたりしたことがある人ならみな、その恩恵を受けている。重力赤方偏移の知識、そしてその現象に応じて原子時計を調整しているのだ。

ＧＰＳ衛星は三角測量の要領で動いており、シンプルに説明すると次のような仕組みだ。ＧＰＳ衛星には精密に調整された原子時計が搭載されており、時間信号を送信することができる。その信号を携帯電話が受信し、受信時間を記録する。この信号は光速で伝わることから携帯電話と衛星との間の距離がわかる。これを三つ以上の衛星で行なえば、３次元的に携帯電話の正確な位置を特定できるというわけだ。

当然ながら、このためにはすべての時計を正確に調整する必要がある。しかし、各衛星は携帯電話に対してそれぞれ異なる相対速度で、かつ高速で動いており、さらにその場所は地表から約２万㎞という高さだ。つまり、衛星の時計は地上の時計とはわずかに異なる速度で動いている。

この場合、特殊相対性理論の効果によって高速で動く衛星の時計は1日に約7マイクロ秒［1マイクロ秒は１００万分の1秒］地上の時計より遅れ、一般相対論のもとでは高度が高いことで1日に約45マイクロ秒早まる。大きな差ではないと思えるかもしれないが、これを考慮しなければ1時間で1キロ近くも位置精度がずれてしまうのだ。

もし時間の流れの速さが、物体の動きだけでなく位置によっても変わるとしたら、いっそう特殊な環境およびその環境が時間に与えうる影響について考えてみたくなるのは当然と言える。しかし、宇宙はどこまで特殊な環境になりうるのか？　時間そのものが存在しない場所もあるのだろうか？　それはまだわかっていない……。

重力の極限では何が起きるのか

この既知の限界に近づいていくと、やがてあまりの重力の強さによって観測的調査が難しくなる。その境界の向こうでは重力そのものに対する我々の基本的な知識が崩れるかもしれない。

説明したとおり、地球上で私が持つ時計は空高くにある人工衛星の時計よりもごくわずかだが進みが遅い。ただ、地球の重力はあまり強くない。もっと質量の大きい天体で、地表での重力がもっと強い場合はどうなるだろうか？

重力の極限について初めて真剣に考えた人物は、あまり知られていないが、イギリスの聖職者で科学者のジョン・ミッチェルである。アイザック・ニュートンがこの世を去る3年前の1724年に生まれた彼は、ニュートンが有名な万有引力の法則をケンブリッジ大学で発表した75年後の1762年から、同大学で幾何学、ギリシャ語、ヘブライ語、哲学、地質学を教えていた。科学史研究家エドマンド・ホイッテーカーによると、ミッチェルはニュートンに続く世代としてはケンブリッジで功績を挙げた唯一の自然哲学者だったが、残念ながら歴史は彼に味方せず、その名前は「ケンブリッジの伝統から完全に姿を消した」という。

そうした経緯はあれど、ニュートンの『Principia』（邦訳『プリンシピア 自然哲学の数学的原理』講談社他）が出版されてからおよそ100年後の1783年、ミッチェルは初めて「暗黒の星」の存在を提唱した。光は粒子でできているとしたニュートンの仮定を発展させたものだ。光の粒子は砲弾やリンゴと同じように惑星や恒星の重力に引き寄せられ、光の進む速度が重力の強さに負ければ天体を脱出できずに引き戻されると彼は考えた。

地球の表面における物体の脱出速度［物体が天体の重力に引き戻されず離れつづけることのできる最小速度］が秒速約11㎞であることは当時すでにわかっていた。しかし、太陽のような質量の大きい天体ならどうだろう?

　ニュートンは太陽と地球の質量比を約20万対1と見積もった(実際はおよそ30万対1)。地球と太陽との間の距離は、1761年と1769年に起こった金星の太陽面通過の観測により算出された。太陽の半径は空に見える太陽の角度の大きさから求められたのだ。太陽の半径および地球との質量比がわかれば、地球表面で測定した物体の加速度をもとに太陽表面からの脱出速度が求められる。その速さは秒速約618㎞で、地球の脱出速度の約60倍、光速の約500分の1である。

　太陽より重い天体はないか、とミッチェルは考えた。そして太陽と同じ組成、それゆえ同じ密度をもちながら、大きさだけをスケールアップさせた恒星を想定した。この場合、脱出速度は半径の大きさに比例して大きくなる。計算の結果、太陽の500倍の大きさの恒星なら脱出速度が光速に等しくなるとわかった。このような恒星を「暗黒の星」と名付けたのだ。

　ミッチェルは宇宙にこのような暗黒の星がいくつも存在する可能性を主張した。1783年に彼が述べた以下の内容は実に先進的だ。


もし、太陽以上の密度と太陽の500倍以上の直径をもつ天体が自然界に存在するとしたら、その光が私たちのもとに届くことはないだろう。そのような天体か、あるいはそれよりもいくらか小さいがもともと光度の大きくない天体が存在するとしたら、私たちがそれらから視覚的な情報を得ることはできない。しかし、もし他の明るい天体がその周りを公転していれば、その動きから中心の天体の存在をある程度の確率で推測することができるかもしれない。

現代では、脱出速度が光速に近づくともはやニュートンの重力法則は当てはまらないことがわかっている。そこで必要となるのが、空間の歪(ゆが)みと時間の伸び縮みを考慮する一般相対性理論だ。とはいえ、脱出速度が光速と等しくなる天体の半径の値は一般相対論においてもニュートンの重力法則とまったく同じだ（その天体の境界面を「事象の地平面」と呼ぶ）。ミッチェルの見方は正しかったのだ。現代ではこのような天体を暗黒の星とは呼ばず、ブラックホールと呼ぶ。

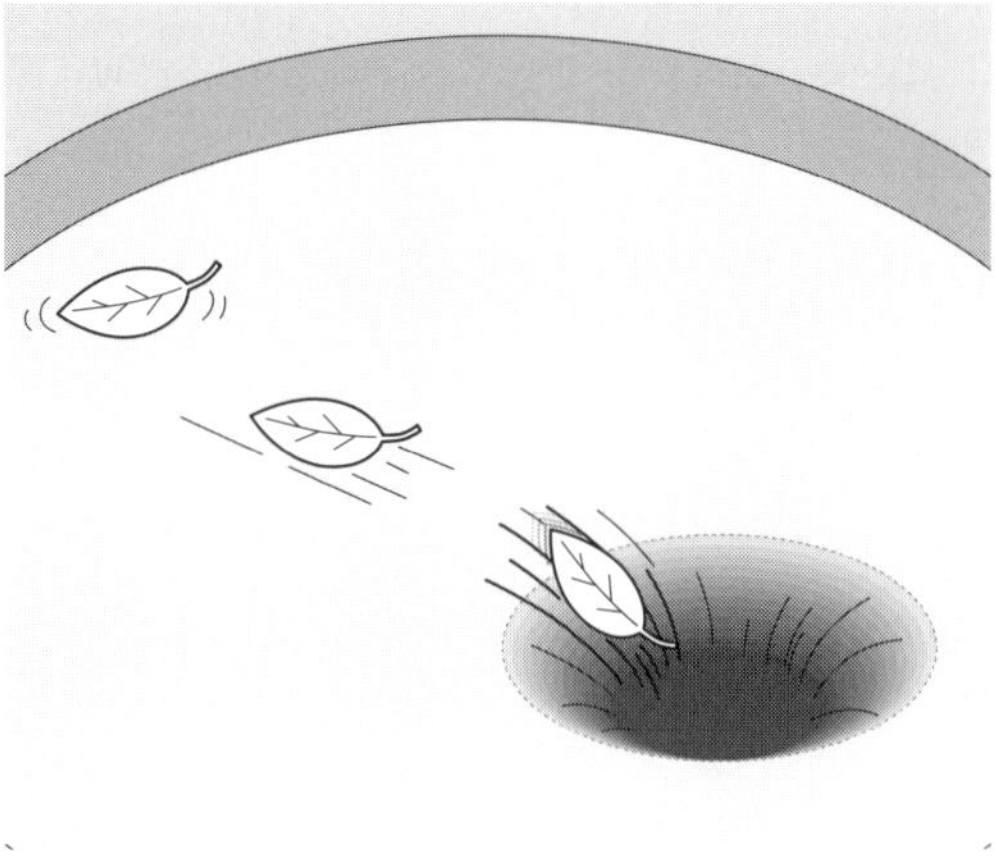

事象の地平面の概念図

今の時代から振り返ると、ミッチェルの分析はいっそう見事である。周囲を回る天体の運動を観測することで暗黒星の存在を発見できるかもしれない、と彼は提案した。私たちの銀河系の中心にブラックホールの存在が確認されたとき、用いられたのはまさにこの観測法だ。その観測研究の重要性は高く評価され、２０２０年にノーベル賞が与えられた［ブラックホールの理論・観測研究に貢献したとして、ロジャー・ペンローズ、ラインハルト・ゲンツェル、アンドレア・ゲッズが受賞］。忘れ去られたケンブリッジ大教授の功績としては悪くない。ミッチェルは重力の強さを測定する初の実験装置も開発し、彼の死後、装置は他の者たちに引き継がれた。

残念ながら、時代を先取りしすぎたミッチェルの予測は歴史の波間に消えてしまい、ようやく再浮上したのは一般相対論に関わる研究のなかで、ブラックホールの存在可能性が議論されはじめたときだ。アインシュタイン自身、物理法則の理解に及ぼす影響（のちに説明する）への懸念から、ブラックホールの存在を否定していた。ブラックホールの議論が始まってから物理学者たちがその存在可能性を理論上仕方なく認めるまでに約50年、天体としてのブラックホールの存在が観測により証明されるまでにはさらに25年の歳月を要した。

一般相対論におけるブラックホールがミッチェルの暗黒星よりもずっと興味深く謎めいているのは、ブラックホールの質量と脱出速度の大きさが比例するというだけでなく、それらの大きさに伴って空間と時間、いずれもの性質が著しく変化するためである。空間については次章で詳しく述べるので、ここでは時間に関する話にとどめる。

これまでに述べたように、地球などにおいて重力源に近い場所では遠い場所よりもゆっくり時が進む。重力が強くなるにつれて（応じて脱出速度も上がる）この現象は顕著になる。そして最終的に事象の地平面が形成されると、時間は完全に停止する。

ブラックホールに落ちる人のＳＯＳ信号

巨大なブラックホールの事象の地平面に向かって落ちていく人が、懐中電灯を一定の速度で振ってＳＯＳの合図を送っていると考えてみよう。事象の地平面に近づくにつれ、懐中電灯の光が見える間隔は長くなっていく。時計の針の進みがだんだん遅くなるようなものだ。また、重力井戸の底から上がってくるその光の波長は伸びて長くなっていくので、光が見えるたびに青、黄、オレンジ、赤へと色が変わり、その後は赤外線、マイクロ波、より波長の長い電波へと変化する。

この二つの現象が組み合わさるとさらにおもしろくなる。一つめの現象は一見すると矛盾を生む。ブラックホールに近づいていくにつれてどんどん時間の進みが遅くなるので、その中に人が完全に吸い込まれる瞬間を見ることは決してできないのだ。落ちる人自身の時間軸では、何も不思議なことには気づかず事象の地平面を越えてブラックホールの内側に入るだろう。しかし外部の観測者の視点では、事象の地平面のすぐ外側で停止（フリーズ）しているように見えるのだ。この理由から、ロシア語では当初ブラックホールを「凍った星（フローズン・スター）」と呼んでいた（ロシアのSF映画にブラックホールが登場しないのは、この名称があまりキャッチーでないからかもしれない）。しかし、この最終段階の停止を外部の観測者が実際に観測することはできない。なぜなら、落下する人の懐中電灯の光は長い波長へと赤方偏移しつづけ、やがて検出できなくなるからだ。このため、事象の地平面を越える前にその人は視界から消えてしまうのである。

スティーヴン・ホーキングによって最初に行なわれた計算を取り入れると、この現象はさらに厄介になる。つまり、量子力学の効果（のちに述べる）をブラックホールの物理学に当てはめると、ブラックホールは有限の温度で存在する物体のようにエネルギーを放射することになるのだ。その場合、ブラックホールは温度と放射速度をどんどん上げ、原理上ではやがて質量を放出しきって消滅する。

たとえば太陽のように地球から肉眼で見えるほどの大きさのブラックホールが消滅するのにかかる時間は膨大で、現在の宇宙年齢よりもはるかに長くなる。しかし、この長いけれども有限の時間が問題となる。遠くにいる観測者の視点では、ブラックホールの形成を観測するのにかかる時間は無限だからだ。この理由は、ブラックホールを形成する物質がブラックホールに近づくにつれて吸い込まれる速度は遅くなり、形成されつつある事象の地平面近くまで来ると止まるためである。しかし、その同一の（かなり長生きの）観測者の視点において、ブラックホールは有限の時間内で消滅する。つまり、この条件下ではブラックホールは完全に形成される前に消えてしまうのだ。

これは厄介な現象だが、不可能な現象というわけではない。実際こう考えることによって、ブラックホールの形成から消滅までの期間を通して、そこに吸い込まれたすべてのものの記録がなんらかのかたちで事象の地平面近くのどこかに保存されている可能性が示唆される。この可能性については、宇宙とブラックホールに焦点を当てる次章で改めて触れる。

本章のテーマである時間に関連してこの奇妙な現象が示すのは、事象の地平面付近での時間の進み方についてはさらなる研究が必要だということだ。また、ブラックホールの外にいる観測者が測る時間は中の観測者が測る時間とは大きく異なるはずだということがわかる。

事象の地平面で時間が止まるなら、ブラックホールの内部では時間の向きが逆転しているのではないか、そう考えるのは自然なことだ。しかし、事実は違う。それよりももっと奇妙なことが起こるのだ。

特殊および一般相対性理論では、空間と時間の区別がなくなる。両者は一つになって4次元の「時空」として扱われる。何をもって時間あるいは空間の方向を決めるかは、基本的に観測者に依存する。3次元空間においても「上」という方角が観測者に依存する、と言うとなじみがあるかもしれない。つまり、オーストラリアにいる観測者が空を指差すと、ヨーロッパで空を指差す観測者とは逆の方向を指すことになる。同様に、時空間においてはある人にとっての空間方向が別の人の時間方向になるということがありえる。

これは本質的に、ブラックホールの事象の地平面を越えたときに起こる現象だ。この仕組みを理解するために、次のことを考えてみよう。私たちが過去と未来を区別する方法について、ロジャー・ペンローズは「光円錐(こうえんすい)」の図法を用いて表した。過去の光円錐は、時間の始まりから現在までに起こったあらゆる事象による光信号が届いている領域である。未来の光円錐は、現在からあらゆる光が伝達しうる範囲である。

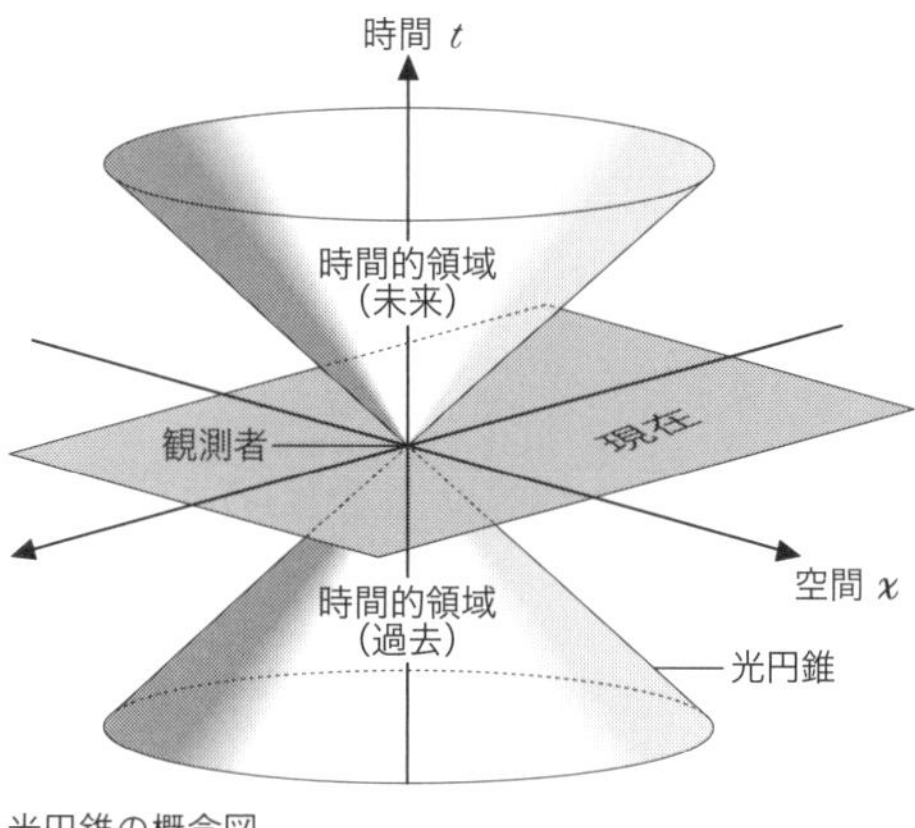

光円錐の概念図

ブラックホールの中では過去と未来が見える

それでは、私がブラックホールの事象の地平面に近づいたら何が起こるのか? ブラックホール周辺の空間は歪んでいるので、どの方向に向けて光線を発しても事象の地平面の方へと曲がりはじめる。ブラックホールに近づくにつれて光線の曲がりも強くなり、最終的には球形である事象の地平面の表面に直接向かう。事象の地平面に到達したとき、私が発する光線はすべて内側に曲がりブラックホールの内部へと向かっている。そして私が事象の地平面を越えると、私の未来の光円錐はブラックホールの中心に傾く。私はもう上には上がれない。下へ行くしかないのだ。より遠い未来を示す円錐の先端は下にしか向かない(ただし、のちに説明するように、この未来はそれほど長くは続かない）。事象の地平面の内側に入るまでは、私の時間は常に前方にのみ流れていた。しかし今、私の未来は下にしか進まない。空間が時間的なものになったのだ。

さらに奥へ落ちていくと、ブラックホール形成初期の瞬間に地平面の内側に入り込んだと思われる光線が下に見える。仮説上のブラックホールでは、これらの光線が入った時間はいくらでも昔になりうる。そして「上」には、私よりも後に地平面の内側に入ってきた光線が見える。外の世界では時間が流れているので、青方偏移の影響によってそれらの光線は未来のどの時点でもこちらに入ってくる。

ある方向に目を向けると過去が見える。上を見れば未来が目の前を通り過ぎる。こうして過去と未来は方向により区別され、どちらにも行けるように見える。時間が空間化しているのだ。私は自分自身の終わりまで、過去と未来を区別しながら両方を知ることができる。なすすべなく中心へと落ちていき、どうあがいても小さくなっていくブラックホールの中、私がいずれ終わることは決まっているのだが。実際、ブラックホール物理学において受け入れざるをえない悲劇の一つとして、上へ行こうともがけばもがくほど下に行く速度が上がるのだ。

この理論においては、外から観測すればブラックホールは有限の小さな空間であるように見えるが、やがて消滅する内部の「空間」はいくらでも大きくなりうる。巨大な、原理上は無限の、膨張さえしているかもしれない宇宙全体を包含するほど大きくもなれる。こう考えると、ブラックホールの内部はC・S・ルイスの『The Lion, the Witch and the Wardrobe』（邦訳『ナルニア国物語　ライオンと魔女』岩波書店）に登場するタンスを思い起こさせる。外から見れば有限の大きさのタンスの奥に、まったく新しい世界が広がっているのだ。

一方、時間は有限である。なすすべなく落ちゆく先にあるブラックホールの中心では、空間と時間がすべての意味を失う。この地点を「特異点」と呼ぶ。特異点において、私たちの理解する物理法則は崩壊する。特異点は密度が無限大になる点と説明されることが多いが、それよりもむしろ、有限の時間内で空間が無限に広がりうる点と言える。

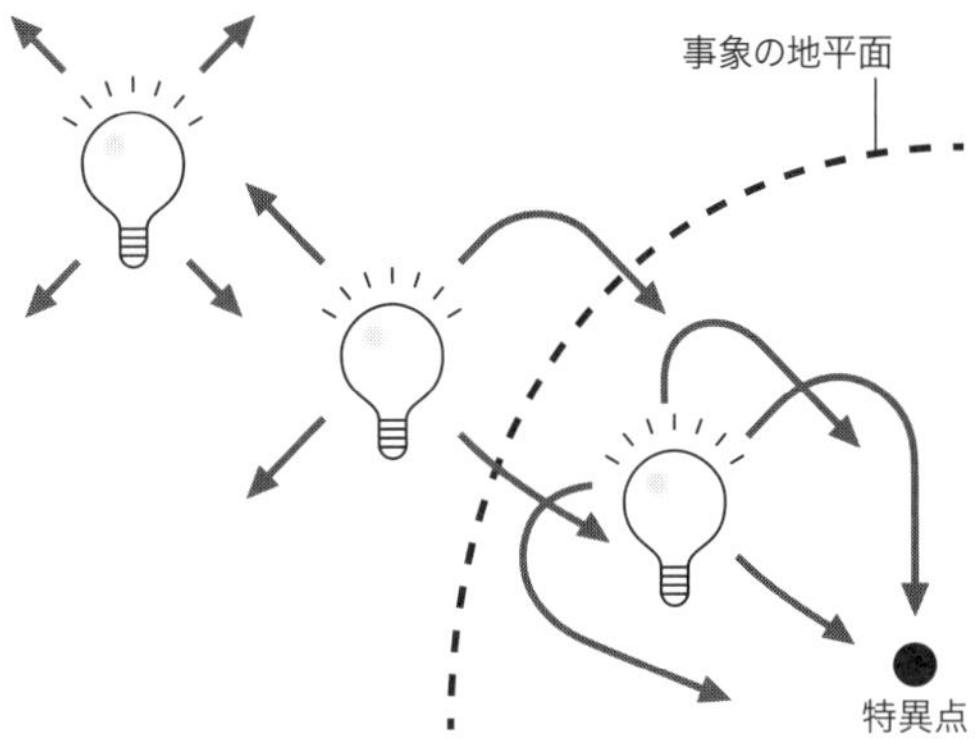

事象の地平面

特異点

事象の地平面付近での光の曲がり方

ブラックホール内で落ちていく観測者にとって、特異点は時間の終わりを意味する。そこで時間は止まり、重力は極限に達する。一度事象の地平面に入ってしまったらこの終わりを避けることはできない。

太陽ほどの質量の天体から形成されたブラックホールに落ちた場合、落ちはじめてから特異点に到達するまでの時間は瞬き（まばた）する間にも満たない。多くの銀河の中心に存在すると考えられるような、太陽の何十億倍もの質量をもつ超巨大ブラックホールであれば、終わりまで1分くらいはかかるかもしれない。

しかし、その終わりとはどんなものなのか？　それはわからない。空間と時間の概念が崩れるとき、現象を想像し、事象を説明し、予測を行なう私たちの能力は失われる。

特異点が実際に存在するのかさえわかっていない。重力の物理法則に対するまったく新しい解釈が今後生まれたとしても、極小スケールでの空間と時間の仕組みに対する理解が変わるのかは不明だ。ほとんどの物理学者はその変化があることに賭けている、あるいは期待しているが、宇宙は物理学者を喜ばせるために存在するわけではない。

特異点が存在するとして、そこで時間と空間がどうなるのか、私たちにはわからない。「時間の終わり」が何を意味するのかさえ、はっきりとはわかっていない。

ブラックホールの発現と崩壊という究極の状態についてはさまざまな推測がなされており、特異点を通過すれば別の時空の宇宙へ行けるという極めて楽観的な説もある。しかし、ブラックホールの特異点付近で時空間の歪みが最大化し大きさが無限小になった状況にも適用できる重力理論が確立されない限り、すべては推測の域を出ない。

時間はいつ始まったのか

いずれ私たちはみな、自らの時間の終わり、つまり死と向き合わなければならない。その考えの恐ろしさゆえ、世界中の多くの宗教はブラックホールの時間的特異点についての推測と似たような主張をして信者たちに安心を与えている。死は人間を死後の世界へ、つまり今私たちが経験している種類の時間が存在しない別領域へ連れて行くと説くのだ。また、現段階としての世界が消滅する「終末」を明確に予言する宗教も多い。このような宗教的視点があることを考えると、ブラックホール内で時間の終わりが来るという可能性も受け入れられそうに思えてくるかもしれない。

しかし、時間の始まりとなるともっと難しい。そこにはもはや形而上学が関わってくる。もし時間的な「前」が存在しなければ、私たちが世界を体験するうえでの中心要素である原因と結果はどう理解されるのか？　また、時間がどこかで始まったのなら、この世界の存在や力学が出現する以前には何もないことになり、したがって私たちの存在をもたらした原因、少なくとも自然的な原因そのものが何もないように思える。この手ごわい問題を回避するための最後の砦として、神などの存在に頼る人がいるのも無理はない。だがそれ以外の人々にとっては、時間の始まりという可能性について考えようとするなら物理学の難題の数々に向き合わなければならない。

このジレンマに最近直面しているのが、科学分野の一つであり、私自身がキャリアの大半を捧げてきた宇宙論だ。天文学者の間では、宇宙は基本的に静止していて、始まりも終わりもない永遠のものであるからだ。最近と言ったのは、たった1世紀前でも明らかな問題は認識されていなかったかと考えられていた。当時の人々の目で確認できた宇宙に大規模な進化の証拠はなかったので、その想定も不合理とは言えない。

しかし1929年、エドウィン・ハッブルはウィルソン山天文台の望遠鏡で自身が撮影したデータと他の研究者によるデータを組み合わせて、遠い銀河から届く光ほど波長が長く観測されていることを証明した。この宇宙の「赤方偏移」は（前述のとおり、可視光線のうち最も波長が長いのが赤色であることからこの名がついた）、遠ざかっていく物体から届く光の波長が長くなるドップラー効果によるものと解釈するのが最も単純である。そのとおりに考えれば、銀河間の距離が遠いほど銀河同士がより高速で離れているということを示唆している。

ハッブルはこの研究結果について、地球との距離に比例する銀河の「見かけ後退速度」が反映されていると説明したが、それが実際の速度を意味しているのか、それとも他の効果なのかについては明言しなかった。

現代から振り返れば、ハッブルの研究結果に対する最も単純な解釈は、宇宙が一様かつ等方向に膨張しているという考えだろう。ただし、ハッブルはその解釈を決して受け入れなかった。だが彼の発表の2年前に、ベルギー人の司祭で天体物理学者のジョルジュ・ルメートルがまさにこの現象を予測していた。

当時、ベルギーで非常勤講師をするルメートルの名はほとんど知られていなかったが、彼は一般相対性理論に基づけば宇宙が一様に膨張しているという解が可能であることを示した。1927年に発表されたこの画期的な論文はあまり有名でない雑誌に掲載されたので、広く世に知られたのは1931年にイギリスの宇宙物理学者アーサー・エディントンが英語に翻訳してからだ。

宇宙が膨張するという考えは当時において異端であり、自身の提唱する方程式がその可能性を示していたアルベルト・アインシュタインでさえ受け入れず、「君の計算は正しいが、君の物理学は目も当てられないね」とルメートルに言ったことは有名だ。

1931年、エディントンのおかげでルメートルの研究は有名になり、ルメートルはアインシュタインの懸念に応(こた)える説も発表した。その説はいっそう大胆なものとしてとらえられたが、今にしてみれば当たり前の理論だとも思える――もし宇宙が膨張しているなら、過去には今よりも小さかったはずだ、彼はそう主張したのだ。膨張を過去へと外挿［既知の数値データをもとに、そのデータの範囲の外側で予想される数値を求めること］すれば、有限の過去のある時点において宇宙全体は無限小の一点で構成されていたことになる。ルメートルはこれを「原始的原子」と名づけた。彼の理論に懐疑的だった科学者のフレッド・ホイルは1949年にあざけるつもりでこの現象を「ビッグバン」と呼んだ。

エディントンはルメートルの宇宙膨張論がハッブルの観測結果と見事に一致していると思ったが、膨張を遡(さかのぼ)って計算した末に必然的に生じる結果には魅力を感じなかった。またアインシュタインは、ブラックホールの存在に反対したのと同じ理由で、無限の密度をもつ特異点から宇宙が誕生したという考えには物理学的根拠のもと反対した。

だが、エディントンとアインシュタインはさておき、宇宙は科学者が魅力を感じるかどうかで決まるわけではないことを今一度思い出す必要がある。現在観測されているビッグバンの膨張を古典物理学の原理のもと過去へ外挿すると、宇宙はおよそ138億年前に特異点から出現したことが示唆される。ブラックホールの消滅という最終段階である特異点と同様、この始まりの点においても時間と空間の法則は崩壊する。

1965年、ロジャー・ペンローズは一般相対性理論に基づいてブラックホール崩壊の最終段階で特異点が発生することを証明し、2020年にノーベル賞を受賞した。のちにスティーヴン・ホーキングはこの証明をさらに発展させ、物質や放射線に支配された宇宙に存在する一般的なエネルギーを条件に考えれば、一般相対論の方程式で遡っていくと有限の過去のある時点に時間と空間を定義できない特異点が必然的に発生することを示した。つまり、少なくとも私たちが現在理解する意味での「前」のない時間が存在するということだ。

今やビッグバンはすっかり大衆文化にも浸透しているため、「宇宙は静的で永遠のものではないのかもしれない」という気づきが当時の人々にどんな心理的変化をもたらしたのか計り知るのは難しい。宇宙を永遠と考えればあらゆる難題を回避できる。その誕生や未来について頭を悩ませる必要はない。どうして地球で生命が生まれたのかも考えなくていい。しかし、もし宇宙に始まりがあるとすれば、すべてが変わってくる。

このためか、ルメートルによる提唱時から現在に至るまで、宇宙の誕生という概念に対してはさまざまな方面から反発がある。最初の批判をしたのはイギリスの科学者でSF作家のフレッド・ホイルだ。ホイルはその概念に軽薄な呼び名をつけてバカにしたつもりだったのだが、皮肉なことに「ビッグバン」というその名前が人気を集めたため定着してしまった。いずれにせよ、ホイルは対論の確立に生涯をかけ、宇宙は永遠であり最大スケールにおいて不変であるとする「定常宇宙論」を研究仲間と共に提唱した。

定常宇宙論もハッブルが観測から導いた膨張説を説明できるものだったが、ビッグバンの名残の電波である「宇宙マイクロ波背景放射（ＣＭＢ）」が１９６５年に発見されるとその理論にとっては致命的な打撃となった。この発見はビッグバンの発生そのものを証明しただけでなく、ビッグバン発生からわずか38万年後、つまり現在観測されている背景放射が独自の進化を始めた時点まで、宇宙膨張を何十億年もの過去まで外挿できるという確固たる実証的根拠になったのだ。

その1年後、以前からＣＭＢの観測を目指して研究を進めていたプリンストン大学のチーム（観測は近くのベル研究所で偶然観測に成功した二人の研究者に先を越されたが）に所属するジェームズ・ピーブルズは、ビッグバンを発生から数秒後の時点まで確実に外挿できることを証明する予測を行なった。

１９４０年代、ラルフ・アルファーとジョージ・ガモフはビッグバン構想をさらに掘り下げ、ビッグバンを過去へ外挿していくと初期の宇宙は密度だけでなく温度も高かったことが示唆されることに気づいていた。最初期の瞬間、宇宙の温度は100億度を超えていたかもしれないのだ。これほどの温度と密度であれば核融合反応が起こったと考えられ、それにより宇宙は陽子、中性子、電子、ニュートリノ、放射線からなる初期の高密度プラズマ状態へと進化し、これらの粒子よりも重いヘリウムやリチウムなどの元素が生成された可能性がある。

CMBの発見によりビッグバンが高温状態であったことが裏付けられたあと、ピーブルズは観測されたCMBの温度と実験室で測定した核反応率に基づき、ビッグバン発生後の数百秒間に宇宙空間の陽子の約25％（質量比）が反応してヘリウムの原子核を形成したことを証明した。当時、星の進化に関するいかなる研究モデルも、星の中心部での核反応によって原始的陽子の2％以上がヘリウムに変換される仕組みを説明できていなかった（実際、今も解明されていない）。それでも、最古の星々や星間ガスにおけるヘリウムの存在比は確かに約25％と観測されている。もはやビッグバン以外に説明のつかない、見事な証明だ。

この計算が発表されたのちに重水素やリチウムなどの軽元素も観測され、それによる存在比の予測値は重水素の10万分の1からリチウムの100億分の1まで、やはりビッグバン理論と一致している。さらに、こうした予測値の正確性は宇宙に存在する陽子の密度に依存するが、その密度はCMBの特性を詳細に調べるだけで推測できる。もうお察しかもしれないが、ビッグバン核融合理論に基づく陽子密度の予測値は、CMB観測による推定値と完全に一致する。

つまり、ビッグバンは実際に発生したのだと言えるだけでなく、予測値と観測値の一致が示すように、宇宙膨張は現在からビッグバン発生の1秒後ほどまで確実に外挿計算できるのだ。

1秒と言うと短く聞こえるが、それは私たちがふだん1分や1時間単位で生活しているからだ。

思い出そう、ミスター相対性理論ことアインシュタインも、熱いストーブの上に座れば1分が1時間に思えると言ったことを……。

まじめな話に戻ると、私たちは時間を直線的にとらえがちだが、ある意味ではビッグバン発生の1秒後とビッグバン発生の瞬間（t＝0）との間には無限の隔たりがある。物理現象の起こる速度は宇宙空間の温度に依存する傾向があり、高温・高密度では低温よりも指数関数的に反応率が上がるためである。

宇宙の温度は時間のべき乗が大きくなるにつれて下がっていくので、時間がゼロのとき宇宙の温度は無限大になる。たとえば10という数字で考えると、100億度と無限度の間には10のべき乗が無限に存在することになる。これを時間の側で考えれば、1と0の間には10の（負の）べき乗が無限に存在する。

宇宙が誕生して1秒以内に起きたこと

せっかくなので、一般にはあまり知られていない事実をここで紹介しよう。物質の反応率は温度と共に指数関数的に増え、t＝0に近づくと温度が急上昇することから、宇宙の歴史の最初の1秒間に起こった粒子間の反応は、たとえその歴史が永遠に続くとしても、1秒後以降の歴史全体で起こる反応よりも多いと推定できるのだ。こう考えると、大事なことは私たちが生まれる前にすべて起こってしまったとも言える。

確かにこの事実はとても興味深いのだが、これについての質問のメールをよく受け取るので、この機会にはっきり述べておきたい。ビッグバン直後にも時間は今と同じ速さで進んでいたのだろうか、それともその速度は速まったり、あるいは遅くなったりしたのか？

答えはこうだ。そのときの時計も現在私たちが地球で使っている時計とおおよそは同じ速さで動いていたと考えられる。最初の1秒の長さは確かに1秒であり、少なくとも最初の1秒のほぼすべては現在の1秒のほぼすべての長さだった。t＝0に極めて近いところまで遡ると現在理解されている物理法則が崩れるので、すべてが意味をなさなくなる（まもなくさらに詳しく説明する）。だがその瞬間を過ぎれば、宇宙の温度と密度が高くとも「共動観測者」（つまり、位置としては同じ場所にいるが宇宙の膨張と共に動いている観測者）にとって時計の針が進む速さは変わらない。それゆえ、私たちがビッグバン時において1秒とする宇宙時間は、実際におよそ1秒なのである。ここで「およそ」としたのは、t＝0およびそのすぐ近くで何が起こるのか正確にはわからないからだ。

ＳＦ作品のなかには、宇宙誕生初期に宇宙の温度に応じて自身の身体の代謝率が変化するような観測者もいたことだろう。個人が経験した事象の数を人生の長さの一指標と考えるなら、そのような観測者がビッグバン誕生から1秒後という熟年期まで生きたとき、本人は永遠に近い時間を生きたように感じるかもしれない。

しかし、話を戻すと、0秒から1秒までの間に10の負のべき乗が無限に存在するという事実ゆえ、宇宙誕生の瞬間そのものを実験で直接観測することは極めて難しい。また、物質の反応率は基本的に温度が上がれば上昇し、したがって時間のべき乗が大きくなれば低下するため、t＝0からt＝1秒の間に重大な出来事がいくつも起こったことが想像される。そのうちのいずれかが、現在どうにかして検出できたかもしれない初期宇宙の痕跡（こんせき）を消してしまったということもありうる。

実際、宇宙誕生から1秒後までに多くの興味深い現象がいくつも起きていたことはすでにわかっている。宇宙の出現から100万分の1秒が経った頃、陽子や中性子をつくる素粒子であるクォークが初めて質量をもった。それ以前、クォークは本質的に質量のない粒子だった。現代の私たちになじみのある粒子である陽子と中性子の中にクォークが閉じ込められたのも同じ頃だ。

さらにその100万倍前、つまり宇宙誕生から10^{12}分の1秒後には、自然界に存在する四つの力［重力、電磁気力、強い力、弱い力］のうちの二つ、「弱い力」と「電磁気力」の性質が分離しはじめた。それ以前、この二つに本質的な区別はなかった。さらに昔にも他の極めて重要な現象が起こっていただろうと想像できるが、今のところそのような初期の物理現象をどこまで直接的に観測できるかは、どれほど優れた大型加速器を製造できるかどうかにかかっている。現在はスイスのジュネーブにある世界最大の加速器「大型ハドロン衝突型加速器」が電弱スケール［値が不安定なエネルギースケール。119ページ参照］について探っているところで、現代の技術ではこれが直接的に実験できる限界である。

ただ、最初期に起きた現象がそれ以前の現象の証拠を消してしまったのではないかという前述した可能性は、1980年に提唱されたある画期的な理論によって新たな局面を迎え、それ以来、近代宇宙論の中心をなしている。その理論が「宇宙のインフレーション」である。

物理学者のアラン・グースは初期宇宙の粒子について考えていたとき、もし「大統一理論」として現在知られるように自然界の四つの力のうち重力を除く三つがかつて統一されていたなら、弱い力と電磁気力が分離しはじめた瞬間の現象に類似した現象が、さらに前にも起こっていた可能性があると気づいた。物理学界で「相転移（そうてんい）」［氷から水、水から水蒸気のように、環境によって物質の状態が変化する現象］と呼ばれるこうした移行期に、粒子によるまた別の挙動が宇宙の膨張をもたらしたと考えたのだ。

たとえば、交通量の多い都市部の道路では、気温が摂氏0度を下回っても舗道上の水は次々と通る車に攪拌（かくはん）されるので凍らない。しかし、交通量が少なくなれば水はたちまち凍って薄い氷が張る。融点以下で凍った水はエネルギーを発し、そのエネルギーはつくられたばかりの氷の温度がさらに下がるのをしばらくの間妨げる。

宇宙でも同様の現象が起こりうる。宇宙が膨張するとき、現在の宇宙全体で素粒子に質量を与えているヒッグス場［粒子に質量を与える仮想的なエネルギー場］と類似した性質をもつ場が、エネルギーが最小でない「偽の真空」と呼ばれる状態に「はまり込む」ことがある。しかしやがては、その変化以前に蓄えていたエネルギーを放出して真に最小エネルギーの状態に落ち着く。一般相対性理論において、空間に蓄積されたこの種のエネルギーは、他のあらゆる種類のエネルギーが重力に引き寄せられるのとは逆に、重力に反発する。

グースは、この現象がビッグバン直前の空間の指数関数的膨張をもたらした可能性があると気づき、この加速膨張を「インフレーション」と名づけた。インフレーションの過程が宇宙論における長年の難題をいくつか解決するかもしれない、と彼は考えた。インフレーション理論は宇宙が現在の姿をしている理由を自然に説明できるだけでなく、明確に定義された物理学的根拠に基づいて宇宙が現在の姿をしている理由を説明できるのは今のところこの理論の他にない。

本書でインフレーション理論を詳しく論じることはしない。それは拙著『A Universe from Nothing』（邦訳『宇宙が始まる前には何があったのか？』文春文庫）で扱っている。ここで論じたいのは、インフレーションが時間、特に時間の始まりという概念にどのような示唆を与えるかである。

場が偽の真空にはまり込んでいる

まずインフレーション理論が示す少し残念な点として、インフレーション後、宇宙がインフレーション以前の状態にあったときの痕跡はすべて消し去られてしまうということがある。インフレーション後とはつまり、相転移が完了し、空間に蓄積されたエネルギーが放出されてビッグバン爆発の初期条件が整ったあと、という意味だ。もし私たちが時間の始まりの瞬間について情報をもたらす何らかの名残を実際に観測したいと思っても、観測できる可能性はインフレーション以前すでに低かったものが今はさらに桁違い(けたちが)いに低いのだ。

この理論が示す二つめの可能性はさらに興味深い。どうやらインフレーションは簡単には終わらないのだ、少なくともすべての場所では。局所的には、場が準安定状態から安定状態へと移行し、その領域はたちまち急拡大を止めて温度が上がりはじめる。こうして、それらの領域ではビッグバン爆発発生の初期条件が整う。しかし、この転移が起きた領域と領域の間に存在する「偽の真空」領域では空間が急膨張しつづけるので、転移した領域が宇宙全体に占める割合はどんどん小さくなる。専門用語ではこれを、相転移は決して「浸透」しない、と表現する。つまり、相転移が宇宙空間すべてに行き渡ることは決してないのだ。

グースと同様に現代のインフレーション理論の礎を築いた物理学者であるアンドレイ・リンデが考えたように、これがインフレーションを「永遠」のものにしている。場が偽の真空状態にはまり込んでいる空間は永遠に拡大を続ける。相転移が起こった島々は、他の領域の指数関数的膨張から切り離されてそれぞれ独自の進化を遂げる。それぞれの島には「創造の瞬間」のようなものがある。

つまり、転移が起こって背景場のエネルギーが熱エネルギーとして放出され、局所的にビッグバン爆発が始まる瞬間だ。最初に宇宙全体で空間と時間そのものが生まれた瞬間（そのような瞬間があればだが）以降、島々はそれぞれ異なるタイミングで創造の瞬間を迎える。

インフレーションという現象がもう一つ示すのは、いわゆる「多元宇宙（マルチバース）」が存在する可能性だ。インフレーション膨張によって生まれた真の真空領域は、膨張を続ける他の多元宇宙から因果的に切り離された独立の宇宙として機能する。さらに、異なる領域で相転移が完了したとき、それらの領域の基底状態がわずかに異なることもありうる（窓ガラスのあちこちで氷の結晶が違う形をしているようなものだ）。「複数の宇宙」のエネルギー場がこのように異なる構成をもつと、それら宇宙ではそれぞれ異なる力、粒子、物理法則が生じうる。そう考えると、私たちの知る物理学は私たちの住む宇宙という局所的な領域のみのものであって、全宇宙に当てはまるものではないのかもしれない。

時間の話に戻ると、かつて映画監督のウディ・アレンは「永遠とは長い時間だ。特に、終わり近くでは」と言っていた。しかし実際、時間の始まりも永遠的に遠いのなら同じことが言えるはずだ。多元宇宙がもし永遠の過去をもつなら、（はるか昔だが有限の過去である）ビッグバンとともに発生した私たちの局所的な宇宙とはまったく異なる。無限に異なるのだ。

しかし、私たちの局所的な宇宙のビッグバンに永遠の過去がなくとも、多元宇宙の過去は永遠になりうるのだろうか？　一般相対性理論を含む既知の物理法則に基づいて結論を出すなら、答えはノーだ。グースの研究チームは、量子重力理論［重力を量子化して扱う理論］に関連する新たな可能性が生じない限り、私たちの宇宙のビッグバンをめぐるホーキングの理論［41ページ参照］が多元宇宙の起源にも当てはまることを証明した。特異点は、果てしないほど遠いけれどやがて必ず有限の過去に浮かび上がってくるのだ。

しかし、空間と時間そのものに影響しうる量子効果の可能性を考慮すると、時間が始まった「瞬間」についてはすべての法則が意味を失うように思える。

ホーキングおよび共同研究者のジェームズ・ハートルは、早くから「無境界」という宇宙の条件を提唱していた。この理論のもとでは、宇宙を始まりまで遡ることはできない。空間は時間の存在なしに出現した可能性がある。空間しかないところから時間が生まれたのだ。

これについて時間は「始まりの後」に出現したと言いたくなるが、当然ながら時間が存在しなければその表現は間違いだ。時間という概念をなくすと、こういうことが問題になる。現象に対する直感的な考え方はもはや通用しないのだ。

宇宙は突然現れた?

インフレーション理論が示すまた別の可能性は、私自身もポスドク時代の初期に探っていたが、すぐ近くで研究をしていた同僚で友人のアレックス・ビレンケンに先を越されて発表されてしまったものだ。それは、同理論における時空は空間も時間も存在しない「無」から「トンネル効果」という量子過程を経て直接出現したという考えである。場の量子論においてインスタントンと呼ばれる過程は(ほんの一瞬のうちに起きる過程だと考えられることからこの名称がつけられた)、一般相対性理論の枠組みのなかで、指数関数的に膨張する空間がゼロでない大きさで突然出現することを説明できる。

ホーキングとハートルの仮説もビレンケンの仮説も、量子重力理論の力学が時空の始まりという厄介な特異点を排除し、私たちの住む宇宙が何もないところに突如出現しうることを示している——私が『宇宙が始まる前には何があったのか？』で論じた主張の一部もここから着想を得た。トンネル効果仮説のほうが創造の「瞬間」をより明確に定義しているが、私たちが測定する時間は測定可能な私たちの宇宙と同時に出現したことから、この宇宙の「前」に何があったのかという疑問はもはや無意味なのかもしれない、と示す点では共通している。

それでは、永遠が一方通行であり、未来にのみ進んで過去には戻らない、というのはありえないことなのか？　お察しのとおり、その可能性はある。量子重力の不確実な性質がいくつもの可能性を生むのだ。

ロジャー・ペンローズなど何人かの物理学者は互いに似通った主張をし（私には説得力に欠けると思えるのだが）、現在膨張している私たちの宇宙は膨張と収縮を繰り返す無限サイクルの最新の段階にあると考える。この考え方は、始まりを排除する点、時間を過去と未来とで対称的に扱うという点の両方において、直感に訴えかける魅力がある。しかしわかりやすい魅力があるからといって科学的に正しいわけではなく、今のところこの「サイクリック宇宙論」に納得している物理学者はほんの一握りにすぎないようだ。

結局、過去の収縮と未来の膨張とを区別する特異点を越えるためには何らかのごまかしが必要なようで、未来に関する物理現象について根拠が不足している仮定もいくつかある。

インフレーション理論がもたらす可能性として私が最近初めて知ったのは、アラン・グースによる主張だ。それは、時空の量子的特異点の近くでは時間が二つの方向に出現するため、明確な始まりというものは識別できず、過去への無限後退が可能になるという考えである。これもまた魅力的な話だが、私の知る限り、確たる理論的根拠のない憶測にすぎない。

つまり、量子重力理論はほとんどあらゆる可能性を約束するが、今のところほとんど何も与えてくれない。それでも、ブラックホールが事象の地平面の内側にあるものすべてを隠すように、時間に関する重要かつ詳細な部分を隠すことによって、私たちに未知の謎の存在を知る機会をもたらしてくれる。

時間の往復は可能なのか

このごろ、特に新型コロナウイルス感染症の流行が始まって以来、私が一番好きな旅は人里離れた田舎の楽園に佇む実家に帰ることだ。元いた場所に戻れる、それは誰もが当たり前に思っていることである。3次元の空間ではどこにでも行ける。どの方向へも進んだり戻ったりできるのだ。

しかし、時間となるとそうはいかない。時計の針と共に、私たちはなすすべなく未来へ進まされているように感じる。過去の過ちの修正も、幸せでたまらなかった瞬間の追体験も、記憶のなかでしかできないのだから。

だが一般相対性理論の観点から考えると、この空間と時間の二項対立は奇妙に思えてくる。なぜなら空間と時間は一体のはずで、観測者の基準系によってはある人の時間が別の人の空間になりうるからだ。

それなら、時間の往復は可能なのだろうか？

おそらく私たちのほとんどはタイムトラベルの可能性について考えたことがあり、H・G・ウェルズの『The Time Machine』（邦訳『タイムマシン』角川書店）を始めとするSFの名作も、過去や未来を自ら訪れて変えてしまうことによる免れられないパラドックスを扱っている。

このパラドックスは、タイムトラベルが控えめに言って厄介である理由の一つだ。もし私が過去に戻って母を産む前の祖母を殺したら、現在に帰ってきたとき母はそこに存在できず、つまり私も存在しないことになる。それなら、そもそもどうやって私はタイムスリップしたのか？

この種のパラドックスは、私の好きな『スタートレック』シリーズや、『ドクター・フー』に登場する時空移動装置ターディスのように、SF作品のネタになることも多いが、タイムマシンの存在を想定するうえであまり言及されない別の問題がある。タイムマシンは、時間と同時に空間も移動する装置でなければならないのだ。

地球は太陽の周りを秒速30㎞で公転している。もし私が今いる場所で1分だけ時間を戻したら、地球は北米大陸の東西の距離のおよそ半分である１８００㎞ほど軌道を逆戻りすることになる。時間を1時間戻せば、地球が戻る距離は10万８０００㎞、地球と月の距離のおよそ4分の1だ。つまり、私がタイムマシンから出るとそこは、何もない宇宙空間である――そしてその残酷な状況に気づいた直後、私に残酷な終わりが訪れる。

この理由、さらにこれから詳しく説明する他の理由のもと、多くの物理学者は過去へのタイムトラベルは不可能だと考える。拙著『The Physics of Star Trek』（未邦訳）の序文を書いてもらったスティーヴン・ホーキングもかつて、時間旅行は不可能だと言っていた。もし可能なら、すでに未来からの観光客が殺到しているはずだからだと。私はそれに対し、みんな騒がしい１９６０年代に戻って誰にも気づかれずにいるのかもしれないよと返した。

ともかく、私たちがどう考えようと自然は自然のままであり、タイムトラベルの可能性は厄介なパラドックスを引き起こすかどうかで決まるものではない。実際、よく知られているように、一般相対性理論の方程式のもとでは「時間的閉曲線」、つまり時間の往復という概念をもつ、タイムトラベル可能な種類の宇宙が存在しうる。問題は、私たちがその種の宇宙に住んでいるのか、あるいは住めるのかどうかである。

一般相対論の方程式は特殊かつ示唆に富むかたちで表される。左辺には時空の幾何学的な性質、右辺には物質とエネルギーの性質を表す項が入る。この表現のもとなら、時間的閉曲線（時間の往復）を含む幾何学的性質を書き出すことさえできれば、その結果をもたらす物質とエネルギーの構成関数が存在するはずだとわかる。しかし問題は、その構成が物理的に実現可能かどうかである。そして、お察しかもしれないが、その答えは「わからない」。

『The Physics of Star Trek』のなかでも述べたが、この構成の物理的なイメージは湧きやすい。状態の安定したワームホール（空間をショートカットして互いに離れた地点同士を結ぶトンネルのようなもの）ならすべてタイムマシンになりうる。なぜなら、ワームホールの一方の「口」が外の空間に対して静止しており、もう一方の口が外の空間を移動している場合、ワームホールの両端にある時計は異なる速さで時を刻むことになるからだ。つまり、ワームホールを通って、移動している口、つまり時間の進みが遅い方の口から出てきたあと、外の空間を通って元の出発点に戻れば、時刻は出発する前にまで遡っている、というシナリオさえ考えられる。

しかし問題は、早くも1988年にキップ・ソーンの研究チームが初めて示したように、私たちの手に入る通常の物質とエネルギーのみでは安定したワームホールをつくれないという点だ。ワームホールの両端の口は崩壊し、何もそこを通過できないうちにブラックホールと化してしまう。

ワームホールを安定化させる唯一の方法は、「負のエネルギー」と呼ばれる奇妙なエネルギーをもつ物質で満たすことだ。そして、そのようなエネルギーを実験室でつくるのはたとえ原理上でも不可能だとする主張には説得力がある。ただし、説得力はあるが、鉄壁とは言えない。繰り返しになるが、この謎を解くためには歪んだ時空の相対論的量子特性を正確に解明するすべを知る必要があり、人類はまだその技術を手にしていない。つまり、古き良き時代を懐かしむ人たちにとって、まだ希望はあるのかもしれない……。


最後に、私たちの宇宙に終末はあるのだろうか？　聖書はそうした未来を告げているようだが、データが示す未来は異なる。宇宙の膨張は、宇宙全体に存在するゼロでないエネルギーによって加速しているように見える。

この加速は残念な、しかし永遠の未来を示している。永遠である理由は、何もない空間を構成するそのエネルギーが一定である限り、現在観測されている膨張が止まることは決してないからだ。残念な理由は、現在観測可能なすべての銀河はいずれ光速を超える速さで地球から遠ざかっていくことになるからである（一般相対論においてこれが起こりうる理由は、銀河そのものは静止しており、膨張しているのは地球と遠くの銀河の間の空間であるからだ。特殊相対論では、物体が光速より速く空間を移動することはできない。しかし、このような膨張を扱えるさらに包括的な理論、すなわち一般相対論においては、空間の膨張そのものに対する制約は多くない）。

この場合、数兆年という時間スケールで他のすべての銀河は観測できなくなり、最後に残るのは私たちが住む銀河だけとなる（そのころには他の複数の銀河との衝突を経た結果、現在のような美しい渦巻き型ではなくほぼ楕円形に変化していると考えられる）。数兆年後の惑星に生きる天文学者はたった一つの銀河しか観測できないのだから、これほど多くの他の銀河を見られる時代に生きている私たちは幸運だ。やがてこの銀河系の星々も燃え尽き、天の川銀河の中心にあるブラックホールが成長してこの銀河の質量をすべて飲み込むかもしれない。もしホーキングの考えが正しければ、そのブラックホールもはるか後に放射線を出しながら消滅し、私たちが今いる空間には、冷たく暗い、空っぽの宇宙空間だけが残る。

この数段落でいくつか仮定の話をしたことにお気づきだろうか。チャールズ・ディケンズ風に言えば、こうした暗い未来は訪れる「かもしれない」未来だ。なぜなら、現在宇宙空間のなかに観測されているエネルギーが本当に根本的な性質なのか、それとも、初期宇宙のインフレーションを引き起こしたとされるエネルギーのように一過性のものにすぎないのか、私たちにはわからないからだ。

もしそのエネルギーが消えれば、現在測定可能なスケールを超えた未知の宇宙の幾何学と、空間そのものの未知の性質のいずれもによって、将来的な宇宙の膨張は劇的に変化する可能性がある。空っぽの宇宙空間のなかに現在測定されているエネルギーはいずれ消えるかもしれないが、それよりもはるかに小さなエネルギーが空間に残らないと言い切れるだろうか？　そしてそのエネルギーが正なのか負なのかは誰にもわからない。それが負のエネルギーであったときに、宇宙は最終的に崩壊する。

1999年、私は同僚のマイケル・ターナーと共に、宇宙の究極的な幾何学構造と究極的な真空エネルギーの両方に関する無限量のデータか、あるいは重力を含む自然界の力と物質の構造を量子レベルで完全に解明する「万物の理論」が完成することなしには、今も膨張を続ける宇宙の究極的な未来を確実に決定することは不可能であると証明した。

　無限のデータを得るには無限の時間がかかるだろうし、私の意見では後者が実現する可能性もほぼ同じくらい低いので、この宇宙、そして時間そのものの究極的な未来は永遠に謎に包まれたままかもしれない。

2 空間

space

- 空間に終わりはあるのか
- 最小の距離というものはあるのか
- まだ知られていない次元は存在するのか
- 宇宙はどんな形をしているのか
- 空間は根本的な存在なのか、それとも他の要素の相互作用から生じているのか宇宙は大きい。とにかく大きい。その広大さ、目が回るほどの巨大さを想像などできまい。薬局までの道のりを長いと感じるかもしれないが、宇宙のなかではピーナッツのようなものだ。

ダグラス・アダムス

巨大な大聖堂の中に3粒の砂を入れたとき、大聖堂に対する砂の密度は宇宙空間での星の密度よりも大きくなる。

ジェームズ・ジーンズ

空間とうまく付き合うということは、彫刻を彫るようなもの。

イザベル・ユペール

宇宙の外側には何があるのか

宇宙論について質問を受け付けると、宇宙は無限なのか、無限でないとしたらその外側には何があるのか、とよく聞かれる。こういう質問をするのは簡単だが、答えるとなるとたやすくない。理由は、優れた説がないからではなく、真摯(しんし)に答えようとすればシンプルにまとめられるような説明では不十分だからだ。本章では、そんな話をしよう。

二つめの質問のほうが、少なくとも答えの枠組みをつくるのは簡単だ。イメージするのはこちらのほうが難しいかもしれないが。これから説明するが、もし宇宙が有限であるなら、その「外側」に大きな意味はない。最も単純な形での有限の宇宙、球対称［すべての方向から見て対称な状態］で有限の「閉じた」宇宙を想像してみよう。この閉じた宇宙は3次元の幾何学構造［ものの形状や配置に関する特徴や性質］だが、その表面である球面は2次元なので、そちらを考えるほうがたやすい。

通常私たちが球を思い浮かべるとき、球面の内側と外側という二つの領域があると考える。だがそれは、2次元である球面を一つ上位の次元のなかに思い浮かべているからだ。2次元のみで考えれば、球体の表面がすべてである。端もなければ内側も外側もない。面の上を進みつづければ、やがてもといた場所に行き着く。

風船のように、表面は広がって大きくなっても何かに変わるわけではない。ただ広がっているだけだ。表面全体に小さな点を配置すれば、表面が大きくなるにつれてそれぞれの点は他のすべての点から遠ざかり、どの点も他の点に近づいていくことはない。

宇宙が閉じているとすれば、この球面の解釈を3次元に置き換えればいい。3本の直交する軸（x、y、z）を設定し、それぞれの軸に沿って直線を辿っていくと、やがて最初に指していた方向とは異なる方角を指す。これが「3次元曲率」の定義であり、宇宙がこの曲率をもっていれば宇宙は曲がっていると言える。ただし、これを私たちが直接視覚化できるわけではない。

曲率を持つ宇宙に対して、「平坦な宇宙」というのも考えられる。平坦な宇宙はパンケーキのように平らなのではなく、むしろ私たちが宇宙について考えるときに直感的に思い浮かべる空間に近い。つまり、3本の直交軸がいかなる場所でも同じ方向を向いている空間である。

宇宙が曲がっている場合、曲がり方はもう一つありうる。「負の曲率」と呼ばれるものだ。2次元において負の曲面は馬の鞍のような形状をしており、ただしすべての方向に無限に広がっている。

通常の条件下において、閉じた空間の大きさは有限だが、平坦な空間と開かれた空間は無限である。無限大の空間に関しては、その外側に何があるのかということを考える必要はないが、無限に広がる空間という概念自体が想像力をかきたてる。この種の幾何学構造は「開かれた」空間と呼ばれる。

無限であることはそれほど厄介ではない。単純にイメージするためには、全体的にでなく局所的に考えるのがいい。たとえば、無限に広がる平坦な空間について、無限に伸びるゴム製ベッドシーツを想像してみよう。シーツを引き伸ばしてみる。この場合も、小さな点で埋め尽くせばすべての点は周囲の点から遠ざかっていく。このときシーツは局所的に「大きくなる」が、無限のすばらしいところは、シーツ全体としては変わらず無限大であるということだ。

あまり納得がいかないとすれば、それも当然だろう。無限とは納得のいかないものであり、ウディ・アレン監督が永遠について言った言葉がここでも思い起こされる。すでに無限大である宇宙がさらに膨張を続けることも、無限というものの性質の一つだ。

この概念を最もうまく説明しているのが、ドイツの天才数学者デヴィッド・ヒルベルトが提唱した「ヒルベルトの無限ホテル」である。無限の部屋数をもつホテルがあり、1号室、2号室、3号室……と部屋が続くことを想像してほしい。このホテルにチェックインしようとするが、フロント

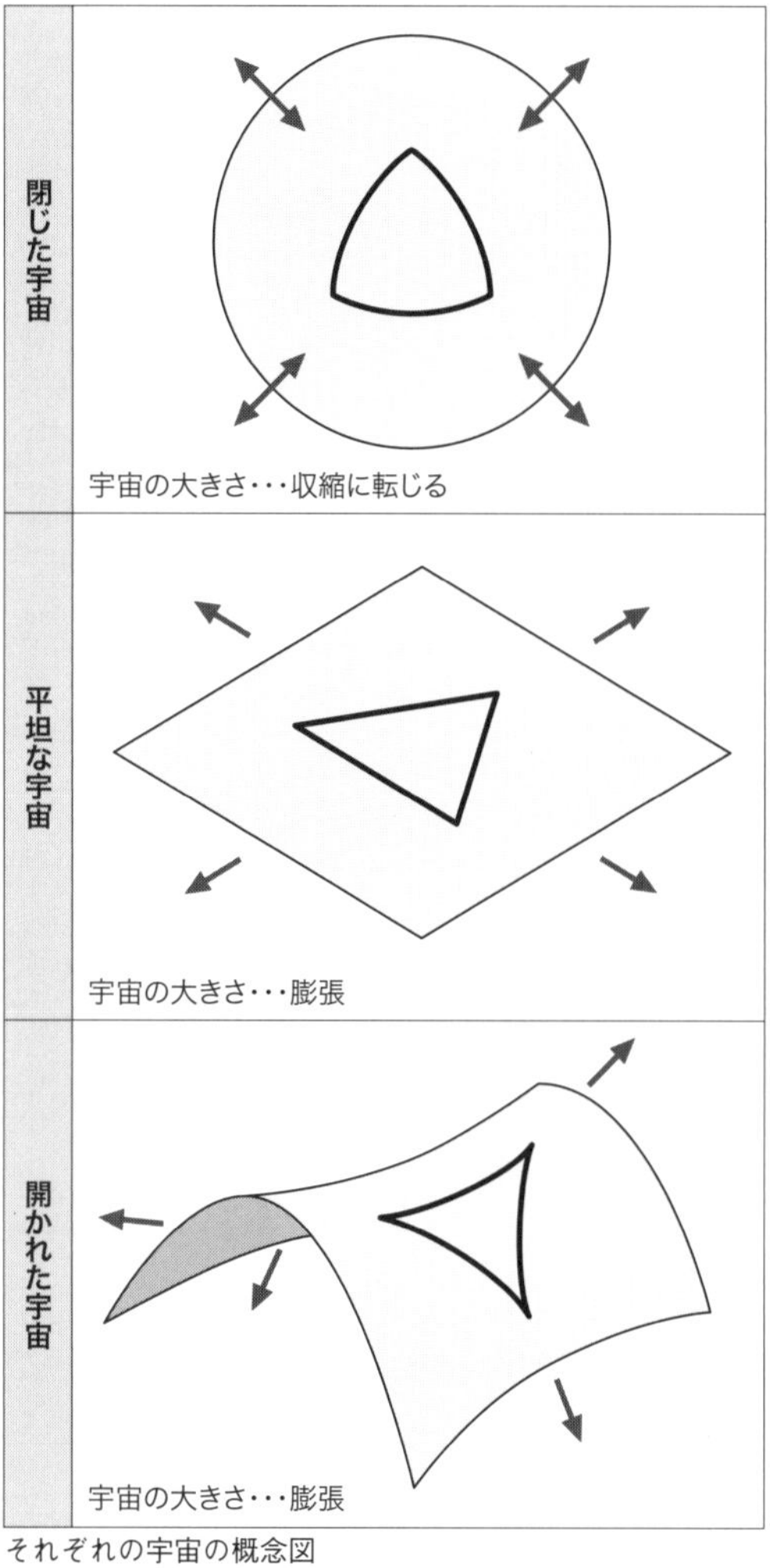

それぞれの宇宙の概念図

のスタッフから満室だと告げられてしまう。しかし帰ろうとすると、スタッフは「お待ちください！　お部屋をご用意できます！」と呼び止める。1号室にいる客を2号室に、2号室の客を3号室に、3号室の客を4号室にと移動させるのだという。そうすれば、2号室から無限号室はすべて埋まるが1号室が空くのでそこに泊まることができるというわけだ。

アインシュタインが一般相対性理論を提唱して以降、20世紀の大半にかけて、宇宙論における課題の一つは最大規模としての宇宙の姿を解明することだった。

私たちの住む宇宙は平坦なのか、開かれているのか。いずれの場合にも原理的に大きさは無限大だ。

それとも、宇宙は閉じているのか。この場合、空間の大きさには限りがあり、どの方向を向いてもはるか遠くには自分の後頭部が見えることになる。

宇宙の形状に対して強い関心が寄せられたわけは、物質や放射線のエネルギーが支配する重力力学をもつ宇宙では幾何学的構造がすべてを決めるからである。宇宙の究極の未来は、開いた形をしているのか、閉じているのか、平坦なのか、それだけで決まるのだ。それゆえ、宇宙がどのような形状で表されるかを見極めることは宇宙論における至高の目標となった。

素粒子論を専門とする私が宇宙論に興味をもったきっかけも「宇宙がどのような形状なのか」という問いだったと思う。それにかかわってくるのが、暗黒物質（ダークマター）という謎の物質だ。暗黒物質は、未知の種類の素粒子でできていると考えられている。宇宙にどれくらい存在するのかを突き止められれば、宇宙の幾何学的構造、ひいては私たちの未来を誰よりも先に解明できるかもしれないと考えたのだ。

宇宙の幾何学的構造を知るためには、私たちの住む銀河および観測可能なすべての銀河の質量を支配している謎の暗黒物質（次章でも詳しく説明する）の性質を探ることが不可欠である、という認識は以前から宇宙物理学界で共有されていた。１９７０年代前半には、観測された物質（星、ガス、宇宙塵（じん）など）の研究によって、観測できる物質量は宇宙が閉じた空間であるために必要な量のうちのせいぜい2、3％であるということがわかっており、つまり宇宙が開いた形状であることを示唆していた。しかし、そこには理論上の問題があった。

物質や放射線が支配する宇宙において、平坦な形状は開かれた形状と閉じた形状の中間とも言える不安定な状態である。もちろん平坦な宇宙は存在しうるが、ほんの少しでも開くか閉じるかすればたちまち平坦な構造ではなくなってしまう。鉛筆のとがったほうを下にしてバランスを取りながら机に立たせるようなものだ。理論的には可能だが、わずかな隙間風が入ったり床が揺れたりするだけで鉛筆は簡単に倒れてしまう。

１００億年以上前から存在しているこの宇宙が完全に平坦でないとすれば、長い年月をかけて平坦な姿から大きく離れてきたと考えられる。だとすれば、現在の宇宙には、平坦であるために必要な暗黒物質の密度の数％さえ保てていないはずだ。その数％が保たれているということはつまり、極めて初期のうちに極めて小さな割合で平坦な形状から離れて以来、見事な微調整が続けられてきたということになる。

物理学史上最大の既知の未知、ダークエネルギー

ここから、より単純な可能性がおのずと見えてくる——現在の宇宙は、想像しうる限りの測定可

能な精度で、完全に平坦であるということだ。突飛で宗教的な話のように聞こえるかもしれないが、実際、１９８０年代半ばにすでに初期宇宙の力学を説明する最も有力な説として受け入れられていたインフレーション理論は、平坦な宇宙を自然に「予測」していた。

風船を膨らませるとその表面があらゆる箇所で平らに近づくのと同様、インフレーションによって指数関数的に膨張する宇宙は大きくなるにつれてどんどん平坦に近づいていったと考えられる。膨張が最初期の短期間のみだったとしても、今の宇宙の密度は完全に平坦な状態の密度と小数点以下１００桁、あるいは１０００桁ほども異なっていないはずである。インフレーションの結果として本質的に宇宙が平坦になることは、ほぼ間違いないのだ。

だが、そこには明確な問題があった。宇宙が平坦であるために必要とされる物質量の残り98％近くは、いったいどこに隠れているのか？

この問題は直接的に解決された。私たちの銀河を取り巻くガスの回転速度が観測され、のちに他の銀河系および銀河団の観測も進んだことで、銀河内および周囲には現在観測可能な全物質の少なくとも5倍から10倍の質量が存在することがわかったのだ。宇宙が平坦である可能性は確かにある。観測されている物質の量と平坦宇宙に必要な物質量との差は、暗黒物質で埋められる。

この構想の美しさゆえ、私も含め多くの物理学者が、暗黒物質とはどんなものなのか、どうすれば宇宙に存在する暗黒物質の量を第一原理［他のものから推論することのできない命題］で計算し、直接あるいは間接的に検出して構造を解明できるだろうかと考えた。

ところが、１９９０年頃から別の問題が浮上しはじめた。銀河および銀河団の重力力学が詳細に研究された結果、その空間の大半を占めるはずの暗黒物質を計算に入れても宇宙が平坦であるために必要な密度の20〜30％程度にしか届かないことがわかったのだ。そうして、この宇宙はやはり平坦でなく開いているのではないかという結論が導かれた。

１９９５年、理論と観測結果との間に矛盾があることが動機の一つとなって、マイケル・ターナーと私は（私たちとは別に、ジェームズ・ピーブルズを含む他の理論物理学者たちも）、過去に提唱された説に再び目を向けた。宇宙論における既存のデータに矛盾が生じないのは、「宇宙を支配するエネルギーが何もない空間に存在している」という、アインシュタインが提唱し（すぐに撤回したが）長い間忘れ去られていた説においてのみなのかもしれない。アインシュタインが「宇宙定数〔静止宇宙モデルを得るために導入した定数〕」と呼ぶ項で表した可能性だ。

私たちがこの異端な考えを取り入れたのは、最後の手段といってもよかった。少なくとも私は、宇宙論における観測データの一部は間違っているはずだという前提のもと自説を提唱した。現在では「ダークエネルギー」という名で呼ばれているが、何もない空間を占めるエネルギーが宇宙の膨張を支配しているというのは、さすがに強引すぎると思ったからだ。しかし、なんと１９９９年、宇宙の膨張速度を測定していた二つの観測チームにより、膨張が加速していることが発見された。この現象が可能となるのは、ダークエネルギーが膨張を加速させている場合のみである。

この発見は科学界に大きな衝撃を与え、観測に成功した者たちは２０１１年にノーベル賞を受賞した〔ソウル・パールムッター、ブライアン・シュミット、アダム・リースが受賞〕。宇宙の未来に対してだけでなく、宇宙の形状と未来との関係に対する見方もがらりと変わった。

先に述べたとおり、それまで宇宙の形状とその運命は完全なる対応関係にあると考えられていた。開いた宇宙は有限の速度で永遠に膨張を続け、閉じた宇宙はやがて崩壊し、完全に平坦な宇宙もゆっくりとだが永遠に膨張する、とされていた。

しかし、何もない宇宙空間にもエネルギーが存在するのだとわかった瞬間、何もかもが変わった。宇宙がどんな形状をしていようと、ダークエネルギーに支配されはじめた時点で膨張していたなら、永遠に膨張しつづけるのだ……ダークエネルギーが消えてしまうまでは。ダークエネルギーは物理学上最大とも言える既知の未知であり、この謎が解き明かされない限り、これからの宇宙の膨張も謎のままである。

こうして宇宙の形状を理解することの当面の重要性はやや低下したが、本質的な重要性は変わらない。形状がわかれば、宇宙に関する極めて根本的な既知の未知を解明できるだろう——つまり、宇宙の広がりは有限なのか、それとも無限なのかという問題だ。

インフレーションによって宇宙の姿は急速に平坦へと近づき、現在観測してもその形は平坦と区別がつかず、誤差があるとしても1％ほどなのだから、この宇宙は完全に平坦なのだと推定してもいいだろうと思えるかもしれない。しかし、ここまでの流れでも暗に示してきたように、極めて平坦に近いということと完全に平坦であることはまるで違う。限りなく異なるのだ。

のちに触れるトポロジーの問題を無視すれば、完全に平坦な宇宙は、開いた宇宙と同様、空間的に無限大である。しかし、カンザスの草原で地平線を見つめると地球が平らに見えるように、閉じた宇宙もインフレーションにより巨大化してもはや曲線を感じられなくなると平坦に見えうる。ただし、地球も閉じた宇宙も空間的な広がりは有限だ。

残念ながら、今の私たちが地球と同じように宇宙の各地を旅したり外から見たりすることは不可能だ。宇宙の〝地平線〟の向こうを見ることはできないので、観測できる範囲の局所的な宇宙が平坦でも、その範囲の外側も平坦であるとは推測できない。そこにダークエネルギーが絡むといっそう事態は厄介になる。膨張は加速しているので、時間が経てば経つほど観測できる空間の割合は減っていく。先に述べたように、やがては（正確に言えば、数兆年後には）遠くの銀河のほとんどが〝地平線〟の彼方に消えてしまうのだ。

しかし思い出そう、ダーウィンの自然選択説が生命の起源を説くものではないのと同じように、インフレーションも宇宙の起源を説くものではない。どちらも、生命と宇宙が誕生してからの進化を率いた現象を説明する理論だ。インフレーションの前まで遡って宇宙の起源を考慮した場合、現在観測可能な宇宙の外側は究極的には閉じているのだと考えられる理由は十分にある。

これまでにも強調してきたが、重力理論が根本的に相対論的量子論である可能性を考えると、重力理論の変数、すなわち空間と時間は相対論的量子論においての変数にもなる。そして、相対論的量子論の変数は外部からの刺激なしに誕生も崩壊もしうる。理論上は、私たちが住む宇宙のような時空が、何もないところから突如出現する可能性があるのだ。しかし、『宇宙が始まる前には何があったのか？』で詳しく述べているとおり、時空が一瞬という時間よりも長く、まして138億年も消えずに存在しつづけると考えられるのは、総エネルギーがゼロの場合だけだ。その理由を以下に簡単に述べる。

宇宙は閉じている可能性が高い理由

日常の出来事の舞台として私たちがとらえている静的で平坦な空間においては、エネルギーという概念は明確に定義されている。しかし、空間の曲率や宇宙の地平線を考慮に入れるとその定義はもはや通用せず、エネルギーはよりあいまいなものとなる。無限に広がる平坦なあるいは開いた宇宙の総エネルギー量について、明確に定義され世界中で広く受け入れられている理解は存在しない。一方、閉じた宇宙の総エネルギーについては揺るぎない理解がある――ゼロでなければならないのだ。

イメージするのはやや難しいが、理由は比較的シンプルだ。これは平坦な宇宙における電荷の総量はゼロでなければならない、という話の延長線上にあり、こちらのほうが視覚的に想像しやすい。イギリスの物理学者マイケル・ファラデーが行なった研究のおかげで、電荷が周囲に電場をつくる現象については、電荷から外側に向かって放射状の線が無限に延びている図を思い浮かべられる。しかし宇宙が閉じている場合には、空間が曲がっているのでそれらの電気力線は離れた地点（正反対の位置）で再びすべて集束する。このとき、集束する先の電荷の符号は出発した電荷の逆である。

一つ下位の次元で考えると思い描きやすいかもしれない。2次元である球面上で一つの点から放射状に延びる線を描くと、北極から延びる経線が南極で再び集束するように、線は反対側で集束する。そして、正の電荷から外側に向かって延びる電気力線が内側に向かって集束する先の点には負の電荷がある。したがって、この表面上に正電荷だけが一つあると想像することは理にかなわない。球の反対側には常に負電荷があるのだ。閉じた3次元空間についても同じことが言える。

これがエネルギーの場合だと少しイメージしづらくなるが、基本的な考え方は同じだ。エネルギーは重力場の源であり、ある領域から発生するエネルギーの流束がその領域全体の重力場を定義していると考えられる。閉じた球状の空間においては、ある場所から発生したエネルギーは球の反対側で必ず吸収される。したがって、閉じた宇宙の総エネルギーの値は、電荷の総量と同様にゼロでなければならない。

このことから、自然発生的に誕生し、生命が生まれて世界に思いを馳せられるほど長い期間存続できる宇宙は、閉じている可能性が高いと考えるのが最も簡単だ。また、無限の空間よりも有限の空間の誕生のほうが想像はしやすい。とはいえ、宇宙の力学はイメージしやすさによって決まるわけではない。

宇宙の形状と有限性について賭けをするなら、賢い賭博師は有限のほうに賭けるかもしれない。しかし、競馬や大統領選が示すように、賢い賭けも間違うことがある。残念ながら、ごくわずかに閉じた宇宙と完全に平坦な宇宙との違いを観測によって見分けることはできないので、宇宙の起源に関する完全な理論が出てこない限り、答えは永遠に得られないかもしれない。

ここまでの話から、平坦であり、閉じた宇宙の可能性というのはあるだろうか。数学的には矛盾するこの二つを成り立たせることは可能だ。つまり、有限でありながら、平坦な宇宙は実現できる。

平らな紙の二つの辺をくっつけると円柱になる。それから残りの二つの辺をくっつけるとドーナツ型になる。幾何学的な見方をすれば直線は直線のままなので平らだと言えるが、その姿は明らかに平らな紙とは異なって縁はなく、縁をもたず無限に広がる平らな紙とも異なって有限である。

理論上は、私たちが生きる3次元空間には「非自明性トポロジー」が存在する。非自明性トポロジーとはつまり、空間の形状が単純には説明できない特殊な性質をもつことを意味し、異なる方向に見える複数の点が実は同一の1点であるということも可能な状況だ。この場合、宇宙が平坦に見えても空間的広がりは有限になりうる。

実際、ロジャー・ペンローズの研究チームはデータ解析を行ない、宇宙に非自明性トポロジーが存在するという証拠を示した。だがこの解析にはのちに異論の声も上がっており、加えて宇宙がそのような特徴をもつことを示す説得力ある論拠も存在しない。ゆえに、現在のところは観測による裏付けがないまま、ありえそうにない理論的可能性が残っているだけだ。それでも、宇宙を知るための窓を開いていけば新たな驚きがもたらされるかもしれない。

宇宙研究に革命を起こした観測

時空の構造をめぐる謎よりも、現在私たちの目に見える宇宙の向こう側に何があるのかという問題のほうが身近で重要だと感じられるかもしれない。読者のみなさんにとっては「この答えも得られはしないのだろう」というのが第一印象だろうか。観測できる範囲外のものを直接検知することは不可能なのだから。まして、ダークエネルギーによって宇宙の膨張が加速しつづけているなら、その領域はやがて宇宙の地平線の彼方に隠れ、永遠に私たちの目には見えなくなってしまう。とはいえ、少なくとも初期宇宙が確かにインフレーションによって進化したのであれば、地平線の向こうにあるものを間接的に確認できる可能性がある。

インフレーションでは指数関数的な空間膨張が急速に起こるので、インフレーション開始前の状況を示す情報はすべて消えてしまう。しかし、インフレーション過程の名残は今の宇宙にも量子レベルで存在している。そのうちの一つ、銀河や星の形成をもたらすわずかな密度のゆらぎ［ある領域における物質や粒子の密度が時間や空間にわたって変動すること］は、インフレーション理論が提示した非常に重要な概念だ。そして、その理論が示す密度のゆらぎは、宇宙マイクロ波背景放射（CMB）の放射温度に観測される温度のゆらぎとよく一致している。この温度ゆらぎは、放射線と物質の相互作用を経て、最終的に銀河の形成につながると考えられている。

しかし、観測結果と一致しているだけでは証拠にならない。初期宇宙における他の過程が同じような密度ゆらぎを生んだ可能性もある。しかし、インフレーションが起こったという決定的な証拠だと言えてしまいそうな、よりユニークな話がある。前述の密度ゆらぎの名残をつくったのは、インフレーション下の物質と放射線の量子レベルのゆらぎである、というものだ。

一方、重力の量子的ゆらぎはどんな働きをしたのか？ インフレーション中のあらゆる場の量子的ゆらぎは、インフレーション後に古典的な信号として残る。物質と放射線の場合、この信号は密度ゆらぎとCMBに観測される温度ゆらぎとして現れる。これが重力場の場合、量子的ゆらぎは空間と時間の古典的ゆらぎに変わり、重力波の名残として観測される。

以下、この重力波について見ていくが、その前に少しCMBについて触れておきたい。この背景放射については第1章で少し言及しつつも詳しくは説明していなかった。宇宙をどれほど遠くまで、つまりどれほど時間を遡って見られるのかを決めるうえでCMBが果たす重要な役割についても述べていない。

すでにご存じかもしれないが、光は有限の時間をかけて私たちのもとに届くので、遠くに見える宇宙ほど昔の宇宙である。ハッブル宇宙望遠鏡で見ることのできる最も遠い銀河は、ビッグバン発生時から現在までの時間にあたる距離の90％以上、宇宙の誕生からおよそ5億～10億年後という過去の姿だ。新たに完成したジェームズ・ウェッブ宇宙望遠鏡なら、さらに過去まで観測できる。

ただし、過去をどこまでも遡ることはできない。宇宙の誕生からおよそ30万年後、約３０００度の温度のなかで通常の物質（当時は主に水素原子が構成していた）は電離状態にあったからである。

陽子が電子を捕まえて中性の水素原子をつくるたび、すぐに物質との衝突や放射線の吸収によって電子は陽子から離れてしまった。つまり、現在は電気的に中性の原子によって構成されている物質が、当時は主に陽子、電子、中性子に分離された状態で構成されていた。しかし、陽子や電子のような荷電粒子が密集したガスの中から光は直接脱出できない［粒子によって光が散乱・吸収されるため］ので、光の一種である放射線も電離した物質を通過できない。

光は空間を自由に動き回れるわけではなく、散乱し、場の量子論［仮想的なエネルギーの「場」を介して粒子の動きや力を説明する理論］で言うところの吸収と放出を繰り返しながらガスの中をランダムウォーク［次に現れる位置が確率的に無作為に決定される運動］する。太陽の中心で起こる核融合反応によって放出されたエネルギーが光として表面に届くまで100万年近くかかるのもこのためである。光子は散乱し、原子によって吸収・放出されながら太陽の内部をランダムに飛び回っているのだ（「若い地球説」を信じる人たちに会ったときにはよくこの事実について話す。もし核融合がたった6000年前からしか太陽にエネルギーを供給していないのなら、今のように太陽が輝くことはないはずだ）。

いずれにせよ、温度が下がり、陽子が電子を捕えて中性原子ができると、それまで熱平衡状態にあった放射線が宇宙のあちこちに自由に伝搬しはじめる。これが、現在地上および宇宙空間に設置されている放射線検出器で測定されるCMBである。この放射線が最後に物質と相互作用したのは138億年近く前であり、それが初期宇宙を探る重要な手がかりとなる。

一方、CMBは観測における壁もつくる。地球の外に目を向ければ、遠くの銀河やクエーサー［宇宙の遠い領域に存在する、極めて明るい天体］など、宇宙の成長と共に形成されたさまざまな天体の光が見える。しかし、さらに遠くの宇宙を観測し、ビッグバンから約38万年後よりも前の時代を光や電波などの電磁放射線で探ろうとしても、「最終散乱面」と呼ばれるものの向こう側を見ることはできない。

最終散乱面が形成される以前の過去から発される放射線を直接観測することはできないが、この面そのものを観測することによってそうした過去の情報を得るという希望はある。まさにこれがＣＭＢ検出の目的だ。

ＣＭＢは宇宙全体に広がっており、どこで検出するにしても、遠い場所にある球面状の最終散乱面から放出された光子を検出していることになる。その意味で、最終散乱面の観測結果は観測者によって変わる。

もし地球がこの銀河の反対側にあったとしたら、私たちが検出するＣＭＢ信号は面の異なる部分から生じたことになる。ただし、細かい部分が異なっているとしても統計的な特徴は同じだと考えられる。そうしたＣＭＢ信号の特徴を探ることで、はるか昔の物理プロセスの名残を観測できるかもしれない。

微弱な重力波を捕まえた物理学者

インフレーションによって発生した重力波の話に戻ろう。この波は、時間と共に変化する時空構造の揺れと言える。２０１５年9月14日にレーザー干渉計重力波観測器（ＬＩＧＯ）がブラックホール同士の衝突から発生した重力波を検出したことは物理学研究における記念碑的功績であり、検出器の開発者たち［レイナー・ワイス、バリー・バリッシュ、キップ・ソーン］が２０１７年にノーベル賞を受賞したのももっともだ。

重力は自然界で最も弱い力なので、重力場に大変動が起きてようやく地球上の検出器がわずかな信号を受信する。太陽の20倍以上の質量をもつ二つの巨大ブラックホールの衝突を検出するために、LIGOはレーザー光を発して4㎞先の反射鏡との距離の変化を1000分の1未満の単位で計測した。この衝突による重力波が、検出器を通過する1、2秒間に生じる、陽子1個分の変化量だ。

正直に言えば、1990年代から2000年代前半までの私は、理論物理学者として、そんな検出器の開発など目指すだけ無駄だと思っていた。この検出器を設計・製作していた物理学者たちの実験能力および理論構築能力は理解し高く評価していたし、何百人もの物理学者がこの発見を実現するため熱心に働く研究所を訪問したことさえあったにもかかわらずである。2016年前半に検出成功の噂を初めて耳にしたときほど、自分が間違っていたとわかって喜んだことはない。

インフレーションによる時空の急拡大はLIGOが計測する周波数も含めてあらゆる周波数の重力波を発生させるが、インフレーションの信号はこれまでに人間が作った（および資金を投じられて現在開発中の）あらゆる検出器の感度の100万分の1を下回る。しかし、宇宙は非常に長い波長の重力波をはるかに高い感度で検出するすべを提供してくれている。前述のとおり、CMBの観測は宇宙研究に革命をもたらし、宇宙論を単なる芸術から高精度の経験科学へと変えた。特に、CMBの統計的特徴を見れば初期宇宙に関する豊富な情報を得られる。CMBはギフトを贈りつづけてくれているのだ。

たとえば1996年、アメリカの天体物理学者マーク・カミオンコウスキー率いる研究チームは、CMBの偏光を詳細にかつ統計的に分析することによって原始重力波を独自の方法で探れることを実証した。

あなたも偏光レンズのサングラスをかけることがあるかもしれない。光は電場と磁場の振動として存在する電磁波である。光波の電場すべてが一方向に振動している場合、光は「直線偏光」と呼ばれる。水面などで反射する光は直線偏光であることが多いので、偏光サングラスが役に立つ。その光を遮るように作られたサングラスがあれば、そうした反射による眩しさが和らぐのだ。

一方、マイクロ波は目には見えないが、これも電磁波であり偏光する。CMBはさまざまなパターンで偏光し、地球の受信機に届くまでの間に銀河の宇宙塵に当たって散乱した際にはさらなる偏光成分を拾うこともある。それでもカミオンコウスキーらは、CMB発生時に存在した長波長の原始重力波がこの放射に蛇のような渦状の偏光を痕跡として残すことを実証した。この痕跡は、多くの場所からCMBの偏光を慎重に観測し、そのデータを詳細に統計解析することにより検出できる。

問題は、この信号が極めて弱いことである。CMBの温度ゆらぎの幅は1万分の1未満と測定されており、これを確実に測定できるマイクロ波技術が今のところの最先端だ。繰り返すが、重力は非常に弱い力なので、インフレーション由来の重力波がもたらす偏光信号の大きさはさらにその100分の1程度にしかならない。それでも野心あふれる実験者たちは、地球上のさまざまな遠隔地や宇宙空間に検出器を建設してきた。

その挑戦の一例として、BICEPという望遠鏡を用いて南極で行なわれた実験がある。2014年に記者会見と論文発表を通じて実験結果が発表されたとき物理学界に衝撃が走った。インフレーション理論に予想される偏光信号と極めて高い精度で一致するCMB偏光信号を観測したというのだ。さらに、その信号はインフレーションモデルで予想されるうち最大強度の信号と一致していた。私はこの論文を掲載した『Physical Review Letters』誌の編集部から実験結果の意義を説明する文章を書くよう求められたが、もし正しいとすればその発見の意義は計り知れないものだった。ところが、大々的に発表されたこの結果はまもなくして、ノイズ成分を含んでいることが明らかになった。そのノイズ成分とは、ＣＭＢの光子と偏光した塵(じん)粒子との相互作用によるものとして説明可能なものだった。最新鋭のＣＭＢ検出用天文衛星「プランク」が、ＢＩＣＥＰ観測器が検出した方角の銀河領域における塵の影響を観測したのだが、その観測がなければ気づかれることのなかった事実だ。

　結局、観測された信号のうちインフレーション由来のものが一つもないとは言えないが、いずれかがインフレーション由来だと断言することもできなかった。カール・セーガンが好んで言っていたように、途方もない主張には途方もない証拠が必要なのだ。

　ＢＩＣＥＰの失敗後、同研究チームおよび他の複数のチームがＢＩＣＥＰの5倍以上の感度をもつ高性能の偏光観測器を開発し、プランク衛星のデータを利用して既知の塵の影響が小さい方角を選んで観測することができるようになった。しかし、明確な信号はいまだ検出されていない。

　ＢＩＣＥＰの発見をきっかけとしたノーベル賞受賞を期待していたインフレーション理論研究者にとっては残念な知らせとなったが、これでインフレーション発生の可能性が否定されたわけではない。ＢＩＣＥＰ実験の結果はインフレーション由来として予想される信号のうち最大強度のものに一致していたが、ほとんどのモデルが予想するのはそれよりもはるかに弱い、現存の検出器の感度以下の信号である。つまり、今後新たな発見がなされる可能性はある。

多元宇宙のどこかに存在する私のコピー

私がインフレーション由来の重力波の発見可能性にこだわるのは、多元宇宙という形而上学の謎を解決する鍵になりうるからだ。その重力波が発見されれば、インフレーションが起こったという決定的な証拠になる。さらに、その信号の詳細なスペクトル特性を測定すれば、どのインフレーションモデルならその種の信号が生成されるのかを実証的に把握することができる。こうしてありうるモデルを絞れれば、それらが多元宇宙の存在可能性につながるのかどうかを検討できる。

そうすれば、私たちが観測できる範囲の宇宙空間と因果的なつながりをもたない領域の存在を直接検出することは不可能でも、その存在を示す極めて強力な間接的証拠を得て形而上学を物理学へ変えることは可能なのだ。

間接的な証拠だけで新しい現実を受け入れるというのはあまり満足のいくやり方ではないが、科学においては立派な伝統がある。たとえば原子について考えてみよう。

１９０５年、アルベルト・アインシュタインは数カ月の間に書いた複数の有名な論文のうちの一つで、液体中の粒子の不規則な運動（いわゆる「ブラウン運動」）の観察結果に基づき、液体が個々の原子粒子で構成されていることを計算で表してそれら粒子の大きさを推定した。原子論は当時すでに化学の土台を築いていたが、１９０５年以前、原子が実在することは完全には受け入れられていなかった。

しかし、それから数年のうちに原子の存在を疑う者はいなくなった。アインシュタインの予測を検証した１９０９年の実験にはのちにノーベル賞が与えられた。ただし、40年後に高精度の電子顕微鏡が開発されるまで原子を直接可視化する方法はなかった。それでも、アインシュタインの予測に始まり、アーネスト・ラザフォードの散乱実験による原子構造の解明や、Ｘ線結晶学を利用した結晶中原子の散乱パターン解析など、間接的な証拠が大量にあったことから、原子の存在はもはや疑いようがなかったのだ。

原始重力波が引き起こすＣＭＢ偏光が観測されても、原子の実験の結果ほど正確な間接証拠にはならないかもしれない。それでも、私たちの住む宇宙は唯一無二なのではなく、多元宇宙が存在するのだ、と強力に示す一歩にはなるだろう。

また、インフレーション由来の重力波が観測されれば、次章で述べる既知の未知に迫る別の有力な実験データも得られる。一般相対性理論で示される古典的重力には量子力学との矛盾がある。今も一部の物理学者は、重力は果たして量子力学の枠組みで示せるものなのか、量子重力効果が重要になるほどの微小スケールでは量子力学そのものが崩壊するのではないか、と考える。

数年前、私は同僚のフランク・ウィルチェックと共に、ごく一般的な条件下では、もしインフレーション由来の重力波が観測されれば量子論の枠組みで重力を説明しなければならないということを示した。

前述のとおり、残念ながら重力波を実際に検出することは極めて難しく、しかもインフレーションのエネルギースケールが小さすぎれば重力波の痕跡が永遠に観測できない可能性も十分にある。多元宇宙の存在および重力の量子理論性を証明する決定的な証拠が見つかるかどうかは、科学全体の発展と同じくらい運によるところが大きいかもしれない。それまで、この二つの概念については、実際に検証されている事実ではなく、強力な根拠のある可能性に過ぎないと考えなければならない。

それでも、多元宇宙の存在可能性があるというだけで大いなるイマジネーションの源になる。その存在が物理学の基盤を覆すことになろうとも。私が物理学者になったのは、なぜこの宇宙が今の姿をしているのかを知りたかったからだ。自然の仕組みを形づくる根本的な原理を理解したかった。

だが、もし多元宇宙が存在するなら、もともとそんな基本原理さえないのかもしれない。この宇宙がもつ特徴の多くは偶然の産物なのかもしれない。多元宇宙内の各宇宙における物理法則はそれぞれまるで異なり、私たちの周りで世界が存在するのは、私たちの住む宇宙で銀河、惑星、生命が偶然生まれたからなのかもしれない。

「人間原理」とも呼ばれるこの考え方は悪趣味だと思えるかもしれないが、私の同僚であるリチャード・ドーキンスはどこかダーウィン的な美しさもあると言う。自然は人間を喜ばせるために存在しているわけではないのだから、私たちが好もうが好むまいが、この説が真実である可能性もやはり残るのだ。

さらにわくわくさせるのは、もし多元宇宙が存在し、さらにインフレーションが永遠に続くとすれば、最終的に無限数の宇宙が生まれるという可能性だ。これまでも強調してきたとおり、無限はただの「すごく大きい」とはわけが違う。無限数の宇宙が無限の時間をかけて形成されるのなら、確率上、私たちの住む宇宙とそっくりな宇宙が生まれ、そこで地球のような惑星が形成されて生命が進化し、私たちが今見ているすべてのものの（いくつか例外はあるかもしれないが）完全なコピーが存在するだろうことは必然である。その宇宙では、あなたのコピーが今この本を書いていて、のちに私のコピーがそれを読むのかもしれない。

さらに大胆な可能性も出てくる。地球のような惑星が生まれる宇宙には無限のバリエーションがあり、そうでない宇宙にはさらに多くのバリエーションがありうるだろう。地球型惑星を生む宇宙では、それぞれまったく歴史の異なる地球型惑星が複数存在する可能性もあれば、一つの細部を除いて互いに同じ歴史をもつ惑星や、隅から隅まですべて同じ歴史をもつ惑星同士が存在することもありうる。存在しうるものはすべて存在するだろう。ＳＦのネタにはなりそうだ。

しかし物理学者にとっては、性質も存在可能性もわかっていない複数の宇宙について定量的に予測するすべを考えようとすることは、頭痛の種になるだけならいいほうで、ひどい場合には結果としてただの形而上学的な推測が文献に論文として載ることさえある。

一方、いくつかの宇宙が進化の最終段階にあり、そこでは星が死に、残存する生命さえ消えつつあったとしても、他の宇宙が絶えず誕生していると考えることは慰めになる。永遠に膨張しつづける多元宇宙では希望も永遠に生まれつづけるのだ。

こう考えると、永遠に膨張する空間で次々に宇宙が生まれるという可能性は、第1章で触れたホイルの定常宇宙論（42ページ）を現代に復活させるかもしれない。ビッグバンの証拠が広く受け入れられるようになって衰退したこの説において、宇宙は膨張しているが新しい物質が絶えず生まれているために宇宙の密度自体は常に一定であるとされる。永遠の膨張が続くなか、個々の宇宙の因果的な範囲よりもはるかに大きなメタスケールで見れば多元宇宙の姿は常に変わらない。一つまた一つと新しい宇宙が生まれ、その外側のあらゆる空間では宇宙が永遠に指数関数的膨張を続けるのである。

3次元を超えた次元は隠れている？

ゲーテの名言だとされることが多いが実際はシラーのものであるらしい、ドイツの言葉がある。

意訳すれば、「最も見えにくいものは目の前にある」という意味だ。最近の基礎物理学の研究結果を見る限り、これは比喩(ひゆ)的にだけでなく文字どおりに真実かもしれない。実際、ほんの鼻の先にまだ知られていない宇宙がいくつも存在し、それでいて永遠に検出されない可能性もあるのだ。

ブラックホールの文脈で触れた、タンスの中に入ることでまったく新しい世界に行けるという『ナルニア国物語』の話がここでも思い浮かぶ。私は拙著『Hiding in the Mirror』(邦訳『超ひも理論を疑う――「見えない次元」はどこまで物理学か?』早川書房)でもこの喩(たと)えを用い、私たちの宇宙空間を構成する3次元を超えた次元がまだ隠れている可能性を長年考えていることについて述べた。

いまだ物理学はこの疑問に対する答えを提供していない。宇宙に関する最も根本的な疑問の一つは、結局のところ、「なぜ私たちの住む空間は3次元なのか?」である。これに対してはこんな答えもありうる――3次元ではないかもしれないじゃないか! ばかげた答えに思えるだろう。私たちは自ら移動することで空間を探索できるが、上下、前後、左右を超える方向への移動方法を見つけたと(まじめに)考える人に、私はまだ会ったことがない。

しかし、世界に4以上の次元があるという可能性は何世紀も前から芸術家、哲学者、さらには科学者を魅了してきた。物理学界が余剰次元について考えはじめたきっかけは、ある数学者と物理学者がそれぞれで電磁気力と重力の性質が似ていると考えたことだった。

アインシュタインは、重力を時空の歪(ゆが)みに関連する力として説明したことで物理学に革命をもたらした。一般相対性理論は時空の幾何学をめぐる理論であり、重力は自然界における他の既知の力とは根本的に異なるものとして扱われる。しかし、地球上での重力は電磁気力とほとんど同じ姿をしている。たとえば、いずれの力も距離の2乗に反比例する。また、電磁気力の強さは電荷に、重力の強さは質量に比例する。
実際、マクスウェルの電磁気学理論は一般相対論を簡略化したようなかたちで解釈することができる。重力場と同じように、電磁場からも曲率〔曲線や曲面がどれだけ曲がっているかを表す量〕を得られる。電磁気力の場合、その曲率は現実空間のものではなく数学的な枠組みのなかだけでの「空間」に存在するものだが。電磁気力をこのように方程式化することは物理学において非常に有用かつ重要なのだが、本書ではちょっとした数学的トリックの一種としてだけ考えておこう。

一般相対性理論の確立後、ポーランド生まれの数学者テオドール・カルツァとスウェーデンの物理学者オスカル・クラインはそれぞれで、この数学的トリックにはもっと深い意義があるかもしれないと考えた。目に見えない余剰次元が空間に存在するのだとしたら、4次元だとして知られる時空の曲率を重力が反映するように、電磁気力は新たな次元の曲率に関連しているのではないか。計算式はうまくいった――一つの問題を除いては。残念ながら、このように重力と電磁気力を統一すると、まだ観測されていない新たな力が自然界に存在することになってしまうのだ。誰もがその名を知るアインシュタインに比べて、カルツァとクラインがほぼ知られていない理由の一つである。

自身の理論を構築するうえで、数学者のカルツァはこの明白な問題をまるで気にしなかったが、物理学者のクラインはどうしても解決しようとした。もし五つめの次元があるのだとすれば、なぜ私たちの目には見えないのか。クラインの答えは鋭かった。余剰次元がとても小さく丸まっているために、この地球上で行なわれたどんな実験もその中を覗(のぞ)くことができなかったのではないか。

これを説明するためによく使われるシンプルな喩えがある。ソーダを飲むときのストローを想像してほしい。ストローの長さに沿った部分が私たちの観察する空間であり、ストローの円周が余剰次元だとする。この円周がだんだん小さくなっていくと、やがてストローはただの線に見えてその次元は観察できなくなる。

この親しみやすい考え方は、60年後にいわゆる「ひも理論」が提唱されなければ歴史のゴミ箱行きだったかもしれない。一般相対性理論と量子力学を完全に統合しうる重力量子理論の構築に取り組んでいた物理学者たちは、時空の基本的な構成要素が空間上と時間上の点ではなくひも状のものであるという理論が量子論になりうること、そして一般相対論の計算式がこの量子論の古典極限として成り立つことを発見したのだ。

これは驚くべき発見だったが、いくつか問題をはらんでいた。この理論によって確かに一般相対論は矛盾なく量子化されるが、それは時空が4次元ではなく26次元である場合に限られるのだ。

これは、少なくとも物理学者の多くにとっては、納得しがたいことだった。しかし、その数学的な美しさゆえに優れた理論家たちが研究を続け、自然界に存在する他の力とそれらに伴う素粒子の存在を取り入れた結果、26から10や11まで次元を減らせることがわかった。

この計算の経緯は複雑なので、本書では細かく触れない。もし興味があれば、『超ひも理論を疑う』で説明しているので読んでみてほしい。ここで重要なのは、クラインが抱いたのと同じ疑問である。つまり、本当に自然界に他の次元があるとしたら、それらはどこに隠れているのか？

数年後に提唱された答えはクラインが最初に思いついたものと同じだった。余剰次元は6次元や7次元の極めて小さな球の中に収まっているため目に見えないのかもしれない。その場合、球の直径は一般相対論において量子効果が重要性をもつ大きさとなる。つまり、約10^{-33}㎝、水素原子の原子核の直径より19桁も小さいのだ！

言うまでもないが、これまでに行なわれてきた実験、まだ提案段階にある実験でさえ、異次元の存在を含む未知の物理現象をこれほど小さなスケールで直接検出することは不可能だ。現時点において世界で最も強いエネルギーを粒子に与えられる加速器、スイスのジュネーブにある大型ハドロン衝突型加速器で実験可能なスケールより約15桁も小さいのだから。

これを理由として——さらにひも理論の計算があまりにも複雑になったためこの理論の本質が（そもそも本質があるのなら）解明されずにいることから——数理物理学において実に興味深い研究分野であるものの、ひも理論が現実の世界に当てはまるのかどうかはわかっていない。

重力が弱いのは余剰次元のせい？

この4次元世界のなかに、もしかするとほんの目の前、鼻の先に6次元や7次元の小さな球が存在するという可能性は、考えようによってはロマンチックにもばかばかしくも思えるだろう。まだ見ぬ余剰次元がもし存在するとしても、私たちの経験する世界においてはなお無力であり、数学の辻褄（つじつま）を合わすためだけのものにも思える。さらに、私たちの知る次元は無限大であるかもしれないのになぜ他の次元は小さな球状なのか、その説明も何もない（かつてリチャード・ファインマンはひも理論について、何の説明もしていない、言い訳をしているだけだ、と酷評した）。そんな余剰次元は小さすぎて調べることも訪れることもできないし、宇宙人が私たちを訪ねるための通り道にもならないだろう。まったくおもしろくない。

だが、この話はもう少しだけおもしろくなる。

１９９８年、二つの研究チームが各々ですばらしいアイデアを思いついた。電磁気のような力は私たちの慣れ親しんだ4次元を超えた次元には伝搬しないが、重力は伝搬できるのだとしたら？もしそうなら、余剰次元が私たちの目に見えないわけを知る手がかりになるだろう。さらには、理論物理学者を長年悩ませてきた重力の不可解な特徴も説明できるかもしれない——自然界の他の力に比べて、重力はなぜこんなにも弱いのか？

電磁気力と同様、重力の強さは3次元空間では距離の2乗に反比例する。しかし、次元が増えれば重力は距離に対してより大きなべき乗で減少する。たとえば余剰次元の直径が10^{-33}㎝でなく10^{-18}㎝だとすると、それらの次元の大きさまでの15桁のスケールでは、重力は余剰次元に入り込めないと仮定された電磁気力よりも大きなべき乗で減少する。そのスケールを上回ると、余剰次元の中に伝搬する余地がなくなるので重力も距離の2乗に反比例する。

つまり、粒子加速器などを使う実験のように10^{-18}㎝より大きなスケールで現象を測定した場合、重力は電磁気力に似た振る舞いをするものの、実際よりもはるかに弱く見える。なぜなら、それ以下のスケールでは距離に対して電磁気力よりも大きなべき乗で減少するからである。

この考えは、私たちが観測できるスケールでは重力が自然界の他の力よりも非常に弱く見える理由を説明する可能性を示した。さらに、また別の興味深い予測にもつながった。もし余剰次元の大きさが10^{-18}㎝もあるのなら、現存する最も強力な粒子加速器を使えば探ることができるはずだ。

わくわくする話だ。ただし、余剰次元がそれほど大きい（見方によっては小さいが）理由については何も説明されていないことを忘れてはならない。それでも、加速器でテスト可能な予測が理論物理学者から出れば、加速器実験に携わる科学者たちがその予測を否定すべく飛びつくことは間違いない。実際、そうしてこの案は否定された。

しかし理論家とは厄介なもので、かつて私が大学院で教えたラマン・サンドラムと共同研究者のリサ・ランドール、そして彼らとは別のサヴァス・ディモプロス率いる研究チームにより、のちに新たな提案がなされた。重力が余剰次元のなかで特異な振る舞いをし、さらに重力だけが余剰次元に伝搬する力である限り、余剰次元は無限大であるかもしれないというのだ。

まず断っておくが、私はこの提案の細部は美しくないと思ったし、今でもそう思う。この予測が現実を反映していないことに大金を賭けたっていい。ただ、そんな私の疑いはあっても、ほんの鼻先に実は余剰次元への入口が広がっていて、ナルニア国どころでないその巨大空間にはエキゾチックな物理法則をもつ宇宙があって、私たちが決して関わることのできない銀河や文明が存在しているのかもしれない——そんなロマンチックな可能性を開いてくれる考えであることは確かだ。まずありえない案ではあるが、完全にありえないとは言い切れないこと自体が驚きなのだ。

ひも理論から生まれた最も風変わりな予測はおそらく、空間次元という概念そのものが見当違いなのではないか、というものだろう。その予測の根拠となっているのはごく一般的な技術、2次元の板の上に3次元の画像を記録するホログラフィーである。板の向こうに浮かび上がる画像は、普通の写真とは異なって頭を動かせば手前の物体の奥に他の物体が見えるのだ。

1997年、プリンストン大学の若き大学院生ファン・マルダセナが大胆な推測をした。陽子と中性子を構成するクォーク素粒子間のN-1次元における強い相互作用を示す理論に類似した理論と、N次元における重力および特定の種類の曲がった空間を示す理論とが完全に等価であるというのだ。AdS/CFT対応と呼ばれるこの予想がもし真実なら、ある特殊な種類の相互作用が形づくる世界の物理法則が、それとは異なる特殊な相互作用が形づくる別次元の世界の物理法則とすべて同一ということになる。

　この予想はひも理論の基礎となる「共形場理論（ＣＦＴ）」と、異なる次元の「反ド・ジッター（ＡｄＳ）」空間（こちらもひも理論に登場する重要な空間）を関連づけるもので、「ホログラフィック原理」の具体形の一つである。ホログラフィック原理はオランダの物理学者ヘーラルト・トホーフトが提唱し、のちにアメリカの物理学者レオナルド・サスキンドが発展させた。

　ブラックホールの消滅に伴って情報が消えてしまうパラドックスを思い出してほしい。重力の性質が示すとおり、ブラックホールの事象の地平面の内側に吸い込まれたものはすべて、永遠に外側の空間には戻れない。そのため、吸い込まれたものに関する情報は永遠に失われる。

　スティーヴン・ホーキングはこの事象の地平面近くで起こる量子力学的現象の研究を通じて、ブラックホールがエネルギーを熱として放射し、放射が多いほど熱くなること、放射の結果として質量が小さくなっていくことを発見した。

　この完全に熱的な放射のなかに、ブラックホールに吸い込まれたものについての情報は何もないはずだ。放射し尽くしたブラックホールは蒸発し、そのものの存在も内部にあった物質についても、いっさいの痕跡は残らないはずである。しかし、量子力学ではその情報が失われないとされる。可能性の一つとしては、ブラックホールに吸い込まれたものに関するすべての情報は事象の地平面上の量子相関［量子力学における粒子の相互関係］に保存され、のちにブラックホールが放出する「ホーキング放射」に運ばれていくという考えがある。ホログラムのように、事象の地平面がその内側にある情報をすべて保存しているのだ。

　興味深い説ではあるが、量子重力理論に強く根ざしているわけではないので、物理学界はこれを情報喪失のパラドックスに対する決定的な解決策として受け入れてはいない。それでも、量子重力理論を成立させる可能性を秘め（私たちの生きる次元とは別次元においてのことだが）、空間とその境界である表面とを関連づけるマルダセナの予想が示唆に富むものであることは言うまでもない。

ＡｄＳ／ＣＦＴ予想が実際に私たちの生きる時空の性質に関係しているかどうかはさておき、物理学においては極めて有用なツールとなっている。強い相互作用をもつ量子場の理論における複雑すぎる計算を、はるかに扱いやすい純粋な重力理論と関連づけることが可能になるからだ。

ただし、数多くの計算上の問題とは別に、大きな疑問が一つある。もしＮ－１次元である表面が、その内側のＮ次元の世界に関するすべての情報を符号化できるとしたら、次元そのものにもはや重要な意味はあるのか？　この場合、実際の世界はＮ次元なのか、それともＮ－１次元なのか？

もちろん、それはわからない。それでも、私たちが宇宙と呼ぶこの４次元世界が実はホログラムである、そんなわくわくする可能性も残されてはいるのだ。

ひもの大きさこそが最小スケール

最小の距離というものはあるのか。通常のスケールでは連続しているように見える空間も、最小距離のスケールでは実は粒状なのか。あるいは、空間はそもそも根本的な存在ではなく、微小スケールで見ればはるかに奇妙な何かに近似した概念でしかないのか？

量子重力理論を理解しようとする努力の中心に、こうした疑問がある。量子重力理論はまだ確立されていないので、これらの疑問に対する答えはすべて「わからない」であり、わからないということが理解されている。

とはいえ、他の理論と関連づけることで生まれた具体的な予測もあるので、そのうちのいくつかを紹介する。

ひも理論が量子重力理論の候補とされる理由の一つは、そこに一般相対性理論が自然に組み込まれているだけでなく、原理上あらゆるものの物理量を導き出せる唯一の基本パラメーターを備えている点にある。ひもの「張力」と呼ばれるこのパラメーターが、同理論の中心にある「ひも」のエネルギーを決定する。最初に定式化されたときのひも理論は、この世界の基本的な構成物質は空間や時間上の点ではなく、時空を動き回るひも状の励起物だとした（理論が発展するにつれ、基本的な構成物質は究極的にはひもではなく、「ブレーン」と呼ばれる膜のようなものかもしれないと考えられるようになった）。

いずれにせよ、この理論の軸をなすのは、ひもの励起が重要性をもつスケールでは、世界を空間と時間の点だけで説明することはできないという考え方である。また、それ以上に重要なのが、ひも理論の数学的性質である「双対性」だ。基本的な意味での双対性とは、ひもの大きさを下回るスケールでこの世界の力学を数学的に説明する理論は、ひもの大きさを上回るスケールで物理法則を探る理論と等価になる、ということである。つまり、ひもの大きさこそが物理学において意味をもつ最小スケールというわけだ。それよりも小さいスケールで起こりうる励起の力学を考えても意味がないのだ。

一般に、張力が決定するひもの大きさは、一般相対論における量子効果が無視できなくなるスケールとして設定される。「プランクスケール」と呼ばれるこの大きさは、前述のとおりおよそ10^{-33}㎝である。この意味でひも理論は、私たちが通常理解している空間はプランクスケールよりも大きなスケールのみ説明できるということを示す。
おおざっぱに言うと、この世界の最小距離スケールを決定できるということこそ、ひも理論が量子重力理論の問題を解決するとされる理由の一つだ。一般相対論において、スケールが小さくなるほど量子効果は大きくなる。距離がゼロなら量子効果は無限大になる。しかし、ゼロ距離というものがなければ無限も存在しない。

私はひも理論が量子重力理論の最有力候補だと考えているが、だからといってこれが正解であろうと思っているわけではない。この問題に関して、私はいくらか不可知論者だ。ひも理論は自然界に存在するすべての既知の力を数学面から最も自然に説明できる、それだけのことである。

いずれにせよ、他の新たな説も次々と生まれている。なかでも重力を量子化する理論として対抗馬になりうるのは、「ループ量子重力理論」と呼ばれるものだ。私の意見では、この理論はひも理論よりも根拠が弱いが、熱心な支持者はおり、興味深い結果を新たに得るため長年研究を続けている。

その名のとおり、ループ量子重力理論が主に扱うのは時空のループである。このループがプランクスケールでつながり合ってネットワークを形成し、そこから時空が出現するのだ。この理論においても、プランクスケール未満では空間そのものが定義されないので空間的な距離を考える意味はない。

このループのネットワークという概念は、理論物理学の大家ジョン・ホイーラー(「ブラックホール」という言葉を最初に広めた人物だ)がかつて推進した説を思い起こさせる。量子効果の影響により最小スケールの空間は泡状の構造をしており、「時空の泡」として考えるべきである、というものだ。

　他に、定式化さえ弱い（あくまで私の意見だ）説だが、最小スケールの空間は互いに分離した構造をしており、それらを区切る格子が見えなくなることで空間がつながっているように見えるのだ、とするものもある。たとえば、最小スケールでは炭素原子の格子でできているダイヤモンドが私たちの目には一つの宝石に見えるようなものだ。炭素原子数個以下のスケールでは、「ダイヤモンド」の定義自体あいまいになるのだが。

　物理学界の外から注目を集めた最新の説は、先に触れたロジャー・ペンローズの「サイクリック宇宙論」だろう。物理学界内でこの説はほとんど支持されていないが、ＳＦ作家を含む多くの人たちがきっと似たような可能性を考えたことがあるはずだ。これを最もおもしろいかたちで描いたのは映画『メン・イン・ブラック』だろう。無数の文明が息づく数々の銀河が実は、はるかに大きなスケールの世界で小さなビー玉の中に存在しているにすぎない、というあのシーンだ。

　ペンローズの主張においては、星や銀河などの物質の大半がブラックホールに消えてしまう宇宙進化過程の後期には、長さという概念そのものが意味を失う。広大な空間を隔てた星々や銀河で遠い昔の観測者が経験した長さは、のちの宇宙でははるかに短く、既知の物理法則が崩壊する最小スケール（「プランク長」）よりもずっと短く認識される。古い宇宙の死から新しい宇宙が生まれ、古い宇宙で死にゆくブラックホール同士を隔てる広大な空間は、新しい宇宙で進化する観測者にとっては小さすぎて観測さえできないのだ。

　こうして新しい宇宙は新しく奇妙な物理法則のもと、ビッグバンの厄介な特異点に影響されないまま現在の宇宙がもつ特徴も自然ともつことができる、とペンローズは主張する。クレイジーだと思うだろうか。確かにそうかもしれない。だが、ときにはクレイジーな考えが真実だということもあるのだ。あまり多くはないが……。

3 物質

matter

この世界は何でできているのか
そこにはどれくらいの力が働いているのだろうか
根源的なものは存在するのか
量子力学は真実なのか
物理学に終わりはあるか
物質は終わってしまうのか

自分を特別に頑丈だと思っていない人でも、一般的な体格の大人ならば少なくとも7×10の18乗ジュールという潜在的なエネルギーを人間の小さな体内に保持している——もしやり方を知っていて、実行しようと思うなら、巨大な水素爆弾30個分の力で爆発させられるだけのエネルギーだ。

ビル・ブライソン

汚れは汚れではなく、間違った場所にある物質にすぎない。

ヘンリー・ジョン・テンプル

物質は神の御心(みこころ)に左右される。

フィリップ・K・ディック

最も重要なものは物質ではない。

アート・バックウォルド

「誰がこんなものを注文したんだ？」

１９３６年、降り注ぐ宇宙線のなかから電子の仲間でずっと質量の大きい物質であるミューオンが見つかったとき、のちにノーベル賞を受賞した実験物理学者のイシドール・Ｉ・ラービが「誰がこんなものを注文したんだ？」と語ったことは有名だ。私たちは今でも同じことを問い続けている。

すでに述べたとおり、原子を直接観察することはできないにもかかわらず、物質が原子で構成されているという原子論の考え方は１９０５年までに受け入れられていた。同時に、私たちの暮らしがほぼ完全に原子レベルで物理学に支配されていることからすれば、ほんの1世紀とちょっと前まで、原子は物質と物質同士の化学反応を分類しやすくする仮説体系にすぎないと考えられていたのは驚きだ。

同時にまた、相対性理論と原子、量子力学が発見される以前、イギリスの有名な物理学者ケルヴィン卿ウィリアム・トムソンは、物理学において今後新たに発見されるものはなく、残されているのはより正確に観測していくことだけだと主張していたのだ。１８９４年、アメリカの偉大な実験物理学者アルバート・マイケルソン（私は彼と同じ大学の物理学科長を１００年後に務めるという栄誉に浴した）はより明確にこう意見を述べている。

物理の主要な原理のほとんどはすっかり確立され、今後の進歩は私たちが観察するすべての現象に対してこれらの原理を厳密に適用していくことに主眼が置かれるものと考えられる。ある有力な物理学者は、将来の物理科学における真理は、小数点以下6桁の世界で探求されると述べているのだ。

この尊大な態度を理解するのは簡単だ。その200年前、ニュートンは砲弾から太陽の周囲を回る惑星まで、あらゆるものの動きを説明する万有引力の法則を確立した。マイケルソンの発言の1世代前には、当時自然界に存在する作用力として唯一知られており、地球上の物質の特性を支配すると考えられた完全かつ精密な電磁気学理論が、スコットランドの物理学者ジェームズ・クラーク・マクスウェルによって構築されていた。肉眼で見ることのできるあらゆるものの力学はすっかり明らかになっていたのだ。

問題は、当然ながら宇宙には人間の目で容易に見ることができず、顕微鏡でとらえることも難しいはるかに多くのものがあることだ。マイケルソンの見解から100年あまりの間に、原子よりも小さいスケールの世界において、私たちは「強い力」と「弱い力」という二つの新しい「力」と多数の新しい素粒子を発見し、文字どおりまったく新しい宇宙を見出したのだ。

現在では、素粒子物理学のいわゆる「標準理論」［素粒子の振る舞いを記述し、世界の成り立ちの根本部分を説明する基本法則］が、原子スケール以下のレベルで私たちが行なってきたあらゆる実験の結果を正しく予測している。それでも、かつてと違って小数点以下6桁までの真実はすべて解明されたと著名な物理学者たちがこぞって主張しないのは興味深いことだ。

その理由は三つある。それぞれについてまず概要を読者に示し、それから詳細をこの章で説明していこう。

第一に、標準理論はすばらしいものであると同時に、不完全なことで悪名高いものでもあるからだ。標準理論には、数え方には諸説あるが、理論的裏付けがなくデータにただ適合させるだけの自由パラメーターが少なくとも18個存在する。このうちの1個が、おそらく標準理論全体の鍵を握る最重要パラメーターであることは強調しておくべきだろう。その最重要パラメーターは、標準理論が説明する三つの「力」のうちの二つを単一の理論に統合する、基本的なエネルギースケールだ。それだけでなく、このスケールは本質的に気まぐれなうえに、量子物理学の基本的な考え方からしてもこのスケールの値は不自然に小さいことがわかる。どのくらい小さいかといえば、量子重力効果が重要になるエネルギースケールより17桁ほど小さな値だ。標準理論の仕組みを超えた何らかの新しいものがこの値を安定化させているからで、そうでないなら、このスケールと量子重力の尺度はほぼ等しくなるはずだ。

次に、1900年当時の状況とは異なり、標準理論では説明することのできない悪名高い大きな謎がいくつも出現しているからだ。そうした謎の中には、二つの天文学上の難問が含まれている。それは、次のとおりだ。

(a)宇宙の全質量のうち、銀河や銀河団の力学を支配しているように思われる主要な組成物は、陽子や中性子といった目に見える物質をかたちづくっているものと異なる基本要素で構成されているのは明らかであり、標準理論では説明できない新しい何らかの素粒子で成り立っている可能性が高いという事実。

(b)もっと奇妙なことに、宇宙全体のエネルギーの主要な形態はどのような物質とも異なり、そしてどんな放射線とも一致していない、という事実だ。むしろこれまで見てきたように、このエネルギーは何もない宇宙そのものの中に存在しているようであり、現在に至るまでどんな研究でもまったく解明できてこなかった。これは現在の宇宙論と基礎物理学におけるおそらく最大の謎だ。

こうした宇宙論にとっての謎とともに、素粒子物理学にとっての明らかな謎がある。自然界における私のお気に入りの素粒子ニュートリノは標準理論では予想されておらず、うまく説明もつかない質量を持っている。ニュートリノとは、原子核反応から放出され、あらゆる物質をすり抜ける幽霊のような粒子で、通常の物質との相互作用は非常に弱い。たとえば太陽内部の原子核反応で作られ飛来するニュートリノはどんなものにもまったく作用せずに地球を通り抜けてしまう。その正体を解明するには新しい物理学が必要だ。ただ、それが何なのかはわかっていない。

最後は、重力だ。自然界で知られている四つの力（強い力、弱い力、電磁気力、重力）のうちで重力は際立った存在だ。なぜなら、古典的な一般相対性理論は量子力学とは相容れないものだからだ。重力理論である一般相対性理論か量子力学のどちらかが譲らなければならない。どちらにしても、劇的に新しい何かが必要とされている。

仮説から発見へ

映画「マルタの鷹」でサム・スペイドを演じたハンフリー・ボガートは、シェイクスピアの有名な一節を借り、作品の題名になった悪名高い黄金の鷹像を「夢のかたまり」と呼んで映画の新たな歴史をつくった。科学が過去2000年の長きにわたって物質の基本的な性質を把握しようとしてきた努力もまた、同じように表現していいだろう。デモクリトスの「原子」からマレー・ゲルマンの「素粒子」まで、哲学者や科学者は「夢のかたまり」と描写されるのにふさわしい営みを続けてきたのだ。

私たちの身の回りで起こる非常に多様でかつ複雑な現象を分析するために提唱された単なる仮説が、驚くような方法で実際にも正しかったのだと証明された例はこれまでに何度もある。

デモクリトスは紀元前5世紀、それぞれの原子がいったいどんなものなのかはっきりした理解や説明は抜きで、物質は独立した原子が集まって組成されているのではないかと初めて考えた。原子が現実の存在だと理解され始めたとき、それを最初に究明した人物であるアーネスト・ラザフォードは、まったく予期していなかったものを発見した。

そのときまでに、原子はそれ以上分割できないものではないと認識されていた。原子スケール以下の粒子として電子が初めて発見されたのはそのわずか10年前の1897年で、発見者はイギリス人物理学者のジョゼフ・ジョン・トムソンだった。

トムソンも他の科学者たちと同様に電流中の電荷の発生源を探していて、磁場をかけたブラウン管の中に特異な粒子である電子を見つけ、電子の荷電質量比を測定した。それによってトムソンは、電子の荷電質量比が、それ以前に測定されていた原子の荷電質量比と著しく異なっていることを発見した。電荷が等しいと仮定すると、電子の質量は水素原子の2000分の1しかなかった。この発見によって、原子が物質を構成する最小の素粒子であるという考えが覆されたのだ。

この発見を受け、原子は全体が何らかの重い物質で構成され、電子がプディング中のレーズンのようにその内部に埋め込まれているのだと考えられるようになった。だがアーネスト・ラザフォードが金の原子に別の原子質量スケールの物体を衝突させて衝撃を与えてみると驚くべきことが判明した。衝突させた物体はほとんどの場合弾かれることはなかったのだが、ときおり発生源に向かってまっすぐ跳ね返ってくることがあったのだ。これはつまり、原子の内部がほぼ空っぽであり、中心部に何らかの信じられないほど高密度で重いものがあるということを示していた。

この中心部にある物体は原子核であることが現在ではわかっているが、この重い中心部のものがどのような組成なのか当時は不明だった。ラザフォードは最も軽い水素の原子核の質量を突き止めると、これが新しい素粒子の候補であることを理解し、ギリシャ語で「最初」を意味する語から「陽子(プロトン)」と命名した。

それからしばらくの間、原子は陽子を含む原子核の周囲を電子の雲が包んでいるのだと信じられていた。問題は、より重い原子の質量が、原子核中にある陽子の数とその核を取り囲む電子の数とが同じ場合に想定されるよりも大きいことだった。その理由として考えられることの一つは、原子核中には陽子のほうが多く存在するのだが、電子もまたいくらか原子核中に存在しており、そのために原子は全体として電気的に中性のままである、ということだった。

この難問は1932年にジェームズ・チャドウィックが新たな亜原子粒子である中性子を発見したことで決着がついた。この発見によって、原子核には陽子と中性子が含まれていることが理解され、原子核は周囲を取り巻く電子の数と同じ数の陽子を含有しているのに、原子核の質量がより重い一方で電気的に中性である理由を説明できるようになった。

これですべてが解決するかと思われたのだが、まだ一つ問題があった。中性子は水素より重い物質中に最も多く含まれる粒子であり（重い原子核中には一般的に陽子より中性子の方が多く含まれるためだ）、実は放射性物質であることだった。

中性子には、原子核中に閉じ込められていない「自由な」性質のものがあり、その半減期は約10分で、もしそうした「自由中性子」の束があるとしたらその半数は10分以内に崩壊する。

中性子が崩壊した生成物についてはもう少しあとで触れることにする。現段階ではしかし、放射性物質の崩壊そのものに集中することとしよう。それは驚くべきもので、なぜならすでに述べたとおり、人間の体内には他のどんな粒子よりも中性子が多く含まれていて、ほとんどの人びとは10分よりずっと長く生きるからだ。

この明らかなパラドックスは、中性子と陽子がほぼ同じ質量を有しているという事実によって解決する。中性子は陽子よりも1000分の1ほど重いだけなのだ。中性子が崩壊して何になるかといえば「陽子」だ。両者の質量の差は、自由な中性子が陽子（あるいは他の軽い粒子）へと崩壊するのに十分なものだ。しかし、中性子は原子核中に閉じ込められるときにエネルギーを失う。アインシュタインが示した質量とエネルギーの等価性のとおり、中性子は原子核中に閉じ込められると、陽子へと崩壊するために必要なエネルギーを持たなくなるくらいの質量を失う。これは、安定した物質をさらに安定させる、自然の驚くべき偶然だ。

中性子崩壊にまつわる謎

中性子の崩壊については現在でも謎が残っている。中性子の寿命を測定するには二つの異なる方法がある。まず、中性子「ビーム」を使うやり方では、ある領域に進入する光線中の中性子の数と、一定の距離（と時間）の経過後にその領域から脱出する中性子の数を数える。もう一つの方法は、磁性体のボトルの中に中性子を捕らえるものだ。中性子は電荷を持たないため帯電させた電極で操作することはできないが、微小な磁石のように振る舞う性質を利用して、磁界を使って容器の壁に近づけないための力を作り出すことで、ある種の静止した状態に置くことができる。捕らえられた中性子が崩壊すると、陽子と高エネルギーの電子が放出される［ベータ崩壊］。こうした崩壊による生成物を測定することによって、中性子の寿命が測定できるようになる。

そしてここからが問題だ。どちらの方法でも同じ数が導き出されるはずなのに、結果は異なる。両方のやり方を用いてかつてないほど精密な実験を行なっても、違う計算結果が出続けているのだ。二つの方法から導かれる寿命には5秒ほどの違いがある。

5秒というのはたいしたことがないように思えるが、どちらの実験手法における感度の不正確性も2秒以下であるとされていることに鑑（かんが）みれば、この差異は決定的なものではないにしても、どうもすっきりしない。

こうした問題の原因として考えられることは二つある。どちらかの手法に欠陥があり、かつ明らかにそれとわかる大きな差異がないか、あるいは差異の根本に物理学的な理由があるかだ。あるグループは、陽子と電子ではなく、暗黒物質の粒子を放出する別の崩壊メカニズムがあるのだと主張する。こうした粒子は崩壊を観測する実験で見ることができず、実際に起こっているよりも中性子の崩壊の数を少なく伝えるため、寿命が長くなるというのだ。

新しい物理学が必要とされているのだろうか。判断するには時期尚早だ。私はそうではないだろうと考えている。なぜなら、これまでの経験では、こうした異例なことはほとんど例外なく検出機器の問題であったからだ。だが自分が間違っていたとしても、それも歓迎だ。現時点ではどちらなのかまだわからない。

中性子崩壊はまた別の謎ももたらした。それを受け、物理学者たちは物質についてある突飛な仮説を立てたのだが、やがてそれは真実であることが判明した。そして何年もたってから、その仮説もかすんでしまうほどの驚くべきことを発見したのだ。

中性子が陽子と電子に崩壊する様子がどのように観察されたのかはすでに説明した。ところが、すぐに問題が起こったのだ。静止状態のある粒子が、たとえばm_1とm_2の質量をもつ二つの粒子に崩壊すると、放出された粒子は物理学の基本法則の一つである運動量保存の法則によって等しく反対の方向に放出されなければならず、粒子その1の速度は、粒子その2の速度を二つの粒子の質量比で除したものと等しくなる。

これは単に、二つの粒子は変更不可能な、固定した放出速度を有するということだ。だがこうした速度は粒子が運ぶエネルギーも決定するため、放出される粒子は固定値のエネルギーをも有していることが観測されるはずだ（二つの放出粒子の一方が他方よりずっと重い場合は、崩壊から生じるエネルギーのほぼすべては実質的に軽い方の粒子が運び去る。例としては、中性子の陽子と電子への崩壊で、質量が陽子の2000分の1しかない電子がほとんどのエネルギーを運ぶ）。

しかし、中性子崩壊によって放出される電子のエネルギーを観測した実験者たちは、電子が実にさまざまな、大きく異なるエネルギーを帯びて飛び出していくことを発見した。これは、古典物理学の中核をなす2大原理である慣性保存則とエネルギー保存則に反するものだ。当時の傑出した理論物理学者であったニールス・ボーアは、この難問を解決すべく、原子より小さい世界ではおそらく物理学の神聖な保存則を否定しなければならないのだと提唱した。

パウリが提唱した第三の粒子

さらに考察を進めたのはスイス人物理学者のヴォルフガング・パウリで、中性子崩壊では目に見えない、第三の粒子が放出されるのならこの問題は解決することに思い至ったのだ。電子が運ばない慣性とエネルギーはこの粒子が持ち去っているのかもしれない。パウリはこの粒子のことを冗談めかして手紙にしたため、高名な物理学者仲間のリーゼ・マイトナーとハンス・ガイガーに提案した。

彼の提唱した考えは、いろいろな意味で常軌を逸していた。まず第一に、新しい粒子はきわめて軽量でなければならない——電子よりもずっと軽量であることが必要だ。なぜなら、電子と陽子のエネルギーを考慮すると、崩壊のプロセスに残されたエネルギー量は非常に限られているからだ。第二に、その粒子は実験では観察されておらず、実質的に不可視でなければならない。これは、その粒子が電気的に中性なだけでなく、他の物質との作用がそれまで知られていた自然界のいかなる粒子よりもずっと弱くなければならないことを意味していた。

偉大なイタリア人物理学者のエンリコ・フェルミにとって、それは問題ではなかった。彼はパウリの考えを見事だと考え、この新たな仮説上の粒子を「中性の小さな粒子」という意味で「ニュートリノ」と命名してもいる。フェルミはこれを、やがて素粒子物理学の重要な要素の形成に貢献することになる中性子崩壊の新たな理論に組み込んだ。

知られているとおり、それから23年後の1956年、フェルミと同じくらい独創的な実験物理学者のフレデリック・ライネスと彼の協力者クライド・カウアンが、原子炉中の原子核崩壊から放出される数十億、数千億ものニュートリノのうち一握りのニュートリノの反応を観察することでこの正体不明の粒子を検出する方法を考案した。そしてその後、想像上の物質だったニュートリノは実在することがわかったのだ。

前述したように、ニュートリノは自然界における私のお気に入りの素粒子だ。理由は、その性質が現実離れしているという以上に、物質の性質や物質の力学を支配している「作用力」に関する主要な発見のほとんどすべてに何らかのかたちで関わっているからだ。そのうちのいくつかをこれから説明していこう。

まず第一のポイントは、これもまた中性子崩壊に関係していると同時に、ニュートリノそのものにも関係がある。原子を構成する粒子——電子、陽子、中性子——を含む多くの素粒子は、あたかもスピンしているかのように振る舞う。つまり、素粒子には回転するコマのように角運動量があるのだ。このあとすぐ議論する量子力学の不確実さのため、素粒子は実際にはコマのように回転しているのではないのだが、まるである軸を中心としてスピンしているかのように角運動が観測された。量子の世界では、素粒子は特定の軸を中心に回転していることを私たちが観測するまで、あらゆる軸の周囲を同時に回転しているのだ。

電子、陽子、そして中性子はスピン$\frac{1}{2}$と呼ばれる角運動をしており、これは私たちが観測しようとする軸に沿って素粒子は二つの異なるスピン状態をとりうるということなのだ。軸に対して$+\frac{1}{2}$あるいは$-\frac{1}{2}$の角運動量をもつことができ、あるいは二つの異なるスピン状態を直線的に組み合わせることも可能だ。

つまり、電子のような粒子が何らかの方向に動いていたらその方向によって軸が定義され、粒子のスピン角運動量は軸に沿って正の方向あるいは負の方向に向かうか、またはその二つの状態を何らかの直線的な組み合わせにしたものとなる。スピン角運動量が軸に沿って前方向きであれば、その粒子は「右利き」であるとされる。逆向きであれば「左利き」だ。

こう命名している理由は比較的簡単に説明できる。軸に対して時計回りに回転しながらその同じ方向に向かって移動しているコマを考えてみてほしい。この場合、コマのスピン角運動量は結果的に動く方向を指し示している。

ここで、コマが動いていく方向に鏡があるものとしよう。鏡に映るコマの像は、反対方向へ（あなたに向かって来るように）動いているように見えるが、それでも時計回りに回転しているように見えるはずだ。したがって、鏡の写像ではコマはその動きと反対向きのスピン角運動量を持っているように見えるのだ。

次に、右手の親指を立てて他の指を折り曲げてみてほしい（サムズアップの動作だ）。これにより、あなたの折り曲げた指で表されるコマの回転方向に対するスピン角運動量の方向を親指が指し示すことになる。親指を鏡面に向けている自分の手をあなたが鏡で見ると、右手はまるで鏡のなかの自分の親指に対して指を時計回りに折り曲げた左手のように見えるのだ。なので左手の親指は、指を折り曲げた方向に回転するコマのスピン角運動量と反対方向を向くことになる。

対称性が保存されていない奇妙な粒子

ニュートリノに関する次に興味深いエピソードは、それが実在していることをフレデリック・ライネスが発見した同じ年に起こった。１９５６年夏、李政道と楊振寧のふたりの若い素粒子論学者は、素粒子加速器施設であるアメリカのブルックヘブン国立研究所で研究活動をしていた。当時、物理学会はある謎に当惑していた。タウ粒子とシータ粒子という、異なるように見える二つの素粒子がまったく同じ質量と寿命を持ち、かつそれぞれの素粒子が崩壊したあとに発生する諸物質は異なっていたからだ。

　これはとても奇妙なことだった。二つの異なる素粒子は、実は二つの異なった崩壊様式を備えた同一の素粒子で、ある素粒子は一組の崩壊生成物、ある素粒子は違う一組の崩壊生成物へと崩壊するのだと考えたくなっても不思議ではないし、実際それは常に起こっていることなのだ。

　問題は、このケースではそれはありえなそうなことだった。

　自然界における基本法則と考えられているものの一つにパリティ（対称性）保存の法則がある。これは鏡に映る世界のように、左と右が対称の関係にあって、私たちのいる世界とまったく同じ外見を持ち、同じ振る舞いをすることを意味している。物理的なプロセスで左右の区別が不可能だと想定するのはきわめて合理的だと思われる。なぜなら、そうしたことは結局人間が考え出したものなのだから。左と右というのは恣意的な区別だというまさにその理由のために、どちらが右でどちらが左なのか覚えられない人がいるのだ。

　これは、あらゆる物体が左右対称だということではない。たとえば人間の顔は完全に左右対称ではない。パリティ保存とは、鏡をのぞき込んだときに自分の顔の左右が逆になっているからといって奇妙には感じないということにすぎない。

　素粒子の組み合わせは「奇」のパリティか「偶」のパリティのどちらかをもつ。これは、そうした組み合わせを鏡に映してみるとどちらもまったく同じに見える、あるいは人の手のように右が左に見えるということだ。たとえば、左利きと右利きの電子を私が一つずつ持っていて両方を鏡に映して見ても、やはり一つは左利きでもう一つは右利きに見えるのだ。電子の素性は反転しても、すべての電子はそもそもまったく同じなのだから、鏡の中のペアはオリジナルのペアとなんら変わっていない。

パリティが保存されているなら、もともと偶のパリティを持っていた系は、素粒子の一つが崩壊しても奇のパリティをもつ系へと進化することはできない。

ここで、1956年当時の崩壊する素粒子の謎に戻ろう。二つの素粒子から生まれた異なる組成の崩壊生成物は、反対のパリティを持っていることが判明した。したがって、もとの二つの素粒子は同じタイプの素粒子ではありえなかった。同じならパリティが偶か奇のどちらかでなければならないからだ。

李政道と楊振寧はそれまでの常識とは異なるアプローチを採用した。常識にしたがってあらゆる素粒子の相互作用においてパリティ対称性が保存されるはずだと考える代わりに、彼らはこれまでに行なわれた実験のうちパリティ対称性が保存されなかったことを確認できるものはないか探すことにした。なぜならもしパリティ対称性が保存されていなかったなら、タウ粒子とシータ粒子という、問題になっている二つの素粒子の崩壊に関する謎が解けるからだ。そのどちらも、崩壊生成物のパリティの値のことがなかったら同じ素粒子だろうと考えればよいことになる。

案の定、このような崩壊でパリティが保存されるかを検証するような実験がそれまで行なわれていないことを彼らは突き止めた。李と楊はいくつかの実験を提案したが、そのうち最もシンプルな実験は、通常「ベータ崩壊」と呼ばれる中性子崩壊を用いるもので、それは本来ベータ粒子と呼ばれる電子が放出されることから名付けられた。

磁場を利用し中性子のスピンをあらかじめ上向きにして準備した場合、もしパリティが保存されているなら、放出される電子が上向きの半球と下向きの半球を移動する素粒子崩壊が同数見られると予想される。パリティが保存されない場合、上向きを「左」、下向きを「右」と呼ぶならば、自然はその二つを区別でき、上半球か下半球のいずれかにより多くの事象が発生するのが観察されるはずだ。

自然は右と左を区別していた

李と楊の論文が発表されてすぐに、ふたりの提案に基づいた二つの実験が行なわれた。一つは中性子の崩壊、もう一つはそれとよく似たミュー粒子（本質的には重い電子）の、電子とニュートリノへの崩壊だった。どちらの実験でも、こうした崩壊においてパリティ対称性が保存されないだけでなく、対称性が極限まで破れていることが観測されたのだ。現在では「弱い力」と呼ばれている作用力の働きによることがわかっている。実験に先立ち、いつも物事に懐疑的で冗談好きだったヴォルフガング・パウリは、ある同僚に宛てた手紙に、神が弱い左利き(サウスポー)だとは信じられないのだが、と書いていた（パウリはスイス人だったから、野球にたとえていたのではないだろう）。実験結果を知ると、パウリは喜んで自分が間違っていたことを認めた。

物理学者たちは、弱い相互作用、つまり素粒子の崩壊を媒介する力に関する限り、自然は左と右の違いを区別できることを発見したのだ！

では、ニュートリノはこうした現象にどう当てはまるのだろうか？　弱い相互作用によってパリティ対称性が最大限に破られるという究極の証拠は、自然界において弱い相互作用だけが働き、電磁力の相互作用や、陽子と中性子の力学を支配している、いわゆる「強い」相互作用が働かない粒子の特性を調べると明らかになる。その粒子はただ一つで、つまりニュートリノだ。自然界では、わかっている限り、ニュートリノはすべて左利きだ。ニュートリノは常に自分が動く方向と反対にスピンする。その性質を持つ唯一の粒子であり、右利きのニュートリノだけが存在する鏡の中の世界と、私たちの世界は、そのおかげで区別できるのだ。

より一般的には、左利きと右利きの両方が存在し電磁気力と弱い力の両方に影響される電子のような粒子では、左利きのものは弱い力が働くと右利きのものとは違う反応をする。なぜ弱い相互作用にはこうした性質があるのだろうか？　まだ解明はされていないものの、弱い力と自然界に存在する他の力との関係を理解することでその答えがわかると考えられている。

その関係はまず、弱い力と電磁気力との驚くべきつながりから始まる。表面的にはこの二つは非常に異なっているように見える。一方は遠くまで作用し、他方は原子核よりも小さい規模でしか作用しない。電磁気力があらゆる化学反応を左右するほど強力なのに対し、弱い力はあまりにも弱いため、原子核反応から放出されたニュートリノはどんな相互作用も起こさないまま地球を貫通できるほどだ。

１９６０年代になって、弱い力の作用が電磁気力とこれほど異なるように見える理由は、弱い力を伝える素粒子が重いからだという仮説が立てられた。量子電磁力学においては、電磁気力は電磁場の量子である光子や、可視光線、電波、X線などを構成する粒子の交換によって伝達される。光子は質量をもたず、アインシュタインの証明で有名になったとおり、光とまったく同じ速さで移動する。

電磁気力が遠くまで作用することは、質量を持たない光子の性質と直接の関係がある。光子は質量を持たないため、ほとんど皆無といっていいくらいエネルギーを要せず、遠くの粒子との間でやり取りすることができるからだ。

弱い力もまた粒子間の相互作用によるものだと考えてみる。すると、その力の弱さと作用する距離の短さから、弱い力の伝達物質はとても重く、光子の質量のおよそ100倍の重さだと考えれば説明がつく。そうした重い粒子は自らの質量のために大きなエネルギーをもつため、遠距離でのやり取りが難しいのだ。

シェルドン・グラショーは1961年に、この仕組みを明快な数学的理論として初めて提唱した。グラショーの考えでは、異なる粒子間での光子のやり取りは弱い力を運ぶ新たな伝達物質（ここでは仮にW粒子とZ粒子と呼ぶ）とだいたい同じように行なわれる。ただし、二つのうちZ粒子のほうは極めて重く、W粒子とZ粒子、あるいは他の素粒子との組み合わせは、左利きと右利きの粒子とは異なっている。このようにして、一見すると別なものである二つの力が、単一の数学的枠組みによって統合されるのだ。

これは数学的には妥当だったが、数多くの現実的な疑問があった。W粒子とZ粒子の巨大な質量規模は重要だが、だれも触れたがらない問題として残っていた。なぜ二つの粒子は重く、光子は質量ゼロなのか？　この疑問への答えは、素粒子物理学の標準理論の中核となった驚くべきアイデアの発展にかかっていた。そのアイデアのもとになったのは、グラショーが提唱した仮説だ。

ヒッグス粒子の発見と新たな謎

１９６７年、スティーブン・ワインバーグとアブダス・サラムが、その3年前に生まれたある注目すべき理論が手がかりになるかもしれないとそれぞれが別に提案した。その理論は複数の研究グループが提唱していたのだが、現在ではピーター・ヒッグスがその代表とされている。理論の中心にあるのは、提案されて間もないW粒子とZ粒子を含め、あらゆる素粒子は基本的に質量をもたず、私たちが各粒子の質量として測定した値は、環境からの影響で偶然にそうなっているという考えだった。

これは斬新（ざんしん）な考えであり、当然ながら決定的な証拠が必要とされ、その確認には50年近い歳月がかかった。この考え方の骨子は、宇宙全体に満ちているある「場」があり、それは「ヒッグス粒子」あるいは「ヒッグスボソン」と呼ばれる新しい素粒子に関係がある、というものだ。この「ヒッグス場」と相互作用する素粒子は、移動する際に土の中に入れたシャベルを押すかのような抵抗を受けることから、慣性のために質量があるかのように振る舞うのだとする。ヒッグス場と強く相互作用する粒子は重く、弱く相互作用する粒子は軽いように見える。光子のようなある種の粒子はこの場と一切相互作用せず、質量をもつことはない。

一見途方もないようだが、この考え方が研究者たちを魅了したのは、W粒子とZ粒子が質量を獲得する数学的なしくみについて、その根底にあって弱い力を説明する理論と電磁気力を説明する理論を結んでいる「ゲージ対称性」と呼ばれるエレガントな数学的対称性を破綻（はたん）なく説明していたからだ。W粒子とZ粒子が質量をもつことを他のどんな方法で理論づけようとしても、この結びつきは明らかに破綻してしまい、合理的かつ納得できる弱い力の理論を発展させる努力を台無しにしてしまう。

当然だが、一部に違う考えの人びとがいたとしても、物理学は精緻(せいち)さではなくテストによって証明するものだ。テストの第一歩は、悪名高いW粒子とZ粒子が実在するかの検証だった。

唯一の方法は、二つの粒子を生成できるほど強力で、かつ干し草の山の中から1本の針を捜し出せるほど精密な装置を作ることだった。前者の要件を満たすには新しい高エネルギー加速器を建造するという難しい条件をクリアする必要があった。そして後者の要件を満たすのはさらにハードルが高かった。W粒子とZ粒子は弱い力に関係しており、W粒子またはZ粒子が直接生成されるのはほんのわずかな相互作用においてだけなのに対し、陽子のような素粒子同士が高エネルギーで衝突すると、強い力で相互作用している粒子のために数十億もの現象が発生してしまうからだ。

すばらしいことに、こうした困難にもかかわらず、1983年になってジュネーブ郊外の欧州合同原子核研究機関(CERN(セルン))内の加速器施設に設置された検出器によって両方の粒子が発見された。ここでもまたニュートリノが関係している。

膨大に発生している現象の背景から希少なW粒子を見分けるためには特別な信号の存在が必要だった。W粒子は電子とニュートリノに崩壊する可能性がある(実際には反ニュートリノなのだが、ここでの説明において両者は基本的に同じものと考えて問題ない)。電子は検出器中に明白な電荷の痕跡を残すが、ニュートリノは検出されずに通過してしまう。そのため、1個の高エネルギー電子が放出されるときにその反作用として反対方向へ飛び出すはずの粒子が何も観察されなければ、それはW粒子が発生したしるしなのだ。

「片手で拍手して音を出す」という有名な禅問答を思わせる、他に類のないこうした奇妙な現象は、他のどんなプロセスからも生じえないものだ。あるいは、アーサー・コナン・ドイルによる別の文学的比喩がより適切かもしれない。弱い力の謎を解くのは、夜に吠(ほ)えない犬の秘密を解明するのと同じくらい重要な手がかりになるだろう。

1983年1月21日、CERNで開催されたセミナーにおいて、W粒子とZ粒子を発見した実験のリーダーだったカルロ・ルビアは、この特徴をもつ6件の明確な事象について説明した。その特徴とは、両粒子を探していた二つの検出器の一方が数十億の現象中から検知したものだ。それからほどなくして、同規模の異なる事象によってZ粒子の存在も明らかにされた。標準理論の中心である弱い力の伝達物質は、予測されていたまさにその場所で発見された。

実験によるこの発見と同じくらい重要な、ある中心となる――そして非常に巧妙に仕組まれたように見える――ものが、弱い力と電磁気力とのエレガントな「電弱統一理論」には欠けていた。W粒子とZ粒子、そして他のすべての素粒子に質量をあたえる「ヒッグス場」だ。

巧妙に仕組まれたような、とした理由は、W粒子とZ粒子が光子の重い複製物に似た、電磁気力の自然な延長のように見えるのに対し、ヒッグス場は新しい種類の素粒子の存在を必要としたからだ。当然だが、ヒッグス粒子と呼ばれる（これはすでに述べた）この粒子は、自らや他の粒子に質量を与えるために相互作用をするが、これは物理学の他のどのような基本原理でも示されておらず、必要ともされていないものだった。

粒子に質量を与えるという目的を達成するために自然が本当にこの特定の理論的メカニズムを採用したのか、私が長い間とても懐疑的だったのは確かだし、繰り返しになるが、ヒッグス機構は他の、おそらくより興味深い物理が見つかるまでの一時的な数学的便法にすぎないと感じていたのだ。

そのことは、ヒッグス機構はあたかも標準理論の「トイレ」のようなもので、考えたくないことが隠されているというシェルドン・グラショーの言葉を思い起こさせる。

W粒子とZ粒子の発見から29年にわたって、実験物理学者たちはあらゆる努力を尽くしてヒッグス機構の存否を確かめようとしてきた。その理論では質量について十分に確証されていなかったから、より高いエネルギー出力をもつ新たな装置が稼働するたびに、ヒッグス粒子の探索はますます緊急性が高まっていった。

そして、素粒子物理学界はヒッグス粒子を見つけるか、あるいは存在しないと確実に結論付けるための装置を建設すると決定した。その超伝導超大型粒子加速器（ＳＳＣ）はだがしかし、主としてアメリカ内の政治問題のため建設されることなく終わった。

代わりに、ＣＥＲＮに既設の加速器が大型ハドロン衝突型加速器（ＬＨＣ）へとアップグレードされた。高エネルギーの陽子ビーム２本を全周26・７㎞のトンネル内で反対方向に周回させ、それぞれの陽子が静止状態の６０００倍を超えるエネルギーをもつまで加速させて衝突させるのだ。

２０１２年７月４日のヒッグス粒子の発見はすばらしい出来事だった。私はそれまでの数カ月間、オーストラリアとアメリカの間を行き来しながら、ＣＥＲＮでの実験に携わっている研究者たちと太平洋の両側にある２つの国から対話していた。その年の４月に私はある担当者から、実験チームはヒッグス粒子が取りうる質量の全範囲のうち陽子の質量の約１２５倍という狭い領域だけを除き、あとの全範囲については存在する可能性を否定し、残された領域についても新しいデータの分析によって否定できるだろうと考えていることを教えられていた。

ヒッグス粒子に懐疑的だった私にとって、これはわくわくすることだった。ヒッグスが存在しないなら、それよりさらに奇妙な何かが起こっているに違いないからだ。

しかし、自然は違う考えを持っていた。陽子の質量の約125倍という、最後に詳細に分析されたその狭い領域の中でヒッグス粒子が見つかったのだ。ここでもまた、量子物理学者たちの深夜の発明が現実のものであることが示された。

だがヒッグス粒子の発見は現実の宇宙を理解するための基盤として重要だったものの、実際には答えよりも、ずっと多くの疑問が提起されることとなった。

そもそも、なぜヒッグス粒子とそれによって宇宙全体に背景として広がるヒッグス場が、それらに特有の性質をもつのかについて私たちは何も理解できていない。

それはまったく場当たり的で、確固とした数学的根拠が何もないのに、ヒッグス機構の理論を成立させ、それによって現実世界を存在せしめ、星や銀河や人間、そしてほとんどあらゆる形態の物質が存在できるようにする都合のいいものなのだ。

さらに、量子力学について私たちが知っているすべての知識によれば、観測されたヒッグス粒子の大きさは、その質量と電弱統一理論のエネルギースケールを含め、実際には存在しないはずの範囲の数値であることを示していた。

肝心なのは、ヒッグス粒子が基本的にスピンを持たない粒子の初めての例だったことだ。そのような粒子は微小規模の世界で起こる量子力学的プロセスからの影響をとくに受けやすく、「仮想粒子」と呼ばれるものを発生させる。

相対性理論と量子力学によれば、微小世界において仮想粒子は姿を見せないまま、何事もないように自然に発生しては消滅することになる。こうした粒子は直接観測できないものの、その短い生成と消滅が与える影響は、私たちが観測しうる粒子の性質から精密に計算できる。そして、そうした影響は現在では小数点以下10桁以上のレベルまで計算され、理論と観測結果とが一致している。

仮想粒子は実在する粒子の質量に影響力をもつ。問題は、ヒッグス粒子に関しては仮想粒子の影響で本来あるべき質量よりも増大してしまうことだ。原理的に、仮想粒子はヒッグス粒子の質量を途方もなく高い値へと押し上げる。しかし、もしこの理論が、高エネルギースケールの新しい素粒子を含む、より基本的な理論に組み込まれると、新しい仮想粒子が存在することになり、重要な役割を果たす可能性がある。特定の条件下では、仮想粒子はヒッグス粒子の質量を安定させるため、もっと大きなエネルギーを持つ仮想粒子からの影響は無視できるようになる。

超対称性という考え方

何らかの新しい物理学が関係していることが最も明白な高エネルギースケールは、「プランクスケール」［自然界を記述する長さ、質量、時間の単位。これより小さいスケールでは、現在知られている物理法則が成立しない］と呼ばれるものだ。プランクスケールにおいては、重力への量子力学的効果が重要になる。すでに述べたとおり、プランクスケールは陽子の質量より19桁も大きい。だがヒッグス粒子の質量は、このスケールよりも17桁小さく、値も不安定なエネルギースケールである「電弱スケール」とほぼ同じだ。この問題を解くには、私たちにとって未知の何かを物理学に取り入れなければならない。

これは物理学において「階層性問題」と呼ばれるようになったもので、理由は電弱統一理論のスケールと量子重力のスケールとの間に大きな開きがあるからだ。

階層性問題は、標準理論において長年の理論的課題とされてきた電弱スケールの値を安定化させる新しい物理学理論が生まれるきっかけとなった。中でも、おそらく最も学問的な意義が大きいのは、「超対称性」と呼ばれる自然界の興味深い対称性を提案したことだった。

これまで説明してきたとおり、素粒子は固有の角運動量を有しているためにスピンしているように振る舞うことができる。電子や陽子のようにスピン量が1/2の粒子は、こうした粒子の量子統計力学を記述したエンリコ・フェルミにちなんで「フェルミオン」と呼ばれる。光子やW粒子、Z粒子といった他の粒子のスピン角運動量はその倍で、スピン量1である。これらの粒子は、アインシュタインとともにこうした粒子に関する量子統計を記述したインド人物理学者サティエンドラ・ボースにちなんで「ボソン」と呼ばれている。

ボソンとフェルミオンは非常に異なっており、かつその振る舞い方も多くの点で正反対だ。量子力学におけるパウリの排他原理によれば、同様な二つのフェルミオンは同時に同じ量子状態を占めることはできない。他方、ボソンは一つの状態に集まりやすく、そのことを表す「ボース・アインシュタイン凝縮」という現象がある。これは、肉眼で見えるレベルで集まっているボソンでも同時に同じ一つの量子状態になっていることを意味している。この現象は実に驚異的だったため、初めて実験室で観察した研究者たちはノーベル物理学賞を受賞している［2001年にヴォルフガング・ケターレ、エリック・コーネル、カル・ワイマンが受賞］。宇宙空間に充満している背景としてのヒッグス場は、実際にはとても均一なボース・アインシュタイン凝縮であり、その意味でボース・アインシュタイン凝縮が私たち人類を存在させているものなのだ。

ボソンとフェルミオンはあまりに異なっているため、この二つをつなぐための新しい数学的対称性である「超対称性」が考案された。超対称性が自然界に明白に存在している対称性なら、自然界のあらゆる種類のボソンの粒子に対応して、同じ質量や電荷などを有するフェルミオンの粒子が存在することになる。

もちろん、実際の世界はまるでそんな風に見えないから、そもそもなぜ対称性について語るのかすらも疑問に思う人がいるかもしれない。理由は、その数学的なエレガントさに加え、私たちが観察できる粒子の特性を左右する仮想粒子に対して超対称性が影響を与える可能性があるからだ。仮想ボソンとフェルミオンは、ヒッグス粒子の質量などに対して反対符号の量子的貢献をする。

超対称性が明らかであれば、ヒッグス質量に対するボソンとフェルミオンの仮想的な量子的貢献は完全に相殺されるため、どんな仮想的プロセスもヒッグス質量に影響を与えることはない。そのため、ヒッグス質量がプランクスケールに近い非常に大きな規模となることはない。これで階層性問題が解決される。

では、超対称性は現実の世界と適合するだろうか？　私たちが観察しているこの世界に超対称性が明白に現れていないとしても、それによって階層性問題を解決できるのだろうか？　答えはイエスだ。背景に存在するヒッグス場のためにさまざまな粒子の質量が異なって観察される。私たちが観察するこの世界は、すべての粒子が本質的に質量を持たない世界のあり方とは大きく異なったものになる。同様に、これまでにわかっているすべての粒子と超対称性のパートナーとなる粒子に対し、まだ加速器での実験で発見されていないほどの非常に大きな質量を与える可能性を持つ、宇宙空間の背景に充満している別の種類の奇妙な凝縮体に関する現象を想定することも可能だ。

これは、現在はなぜ超対称性が自然界において観測可能なスケールの対称性として観察できないかを説明するだけでなく、電弱スケールがどうしてこのようなものなのか明らかにするものでもある。粒子とその超対称性パートナー間の質量差が、W、Z、およびヒッグス各粒子に関する電弱スケールと同じ程度なら、ボソンとフェルミオン間の仮想的な量子効果は完全には相殺されない。相殺されない分についても、粒子とその超対称性パートナー間の質量の違いと同じ程度になる。したがって、量子効果は観測されているヒッグス質量と同程度の影響をヒッグス粒子に与えるはずだ。

超対称性は、自然界における基本的な対称性であり、階層性問題を解決する可能性も持っているという理由からきわめて有望な考え方のように思われた。そのため、ヒッグス粒子を発見した大型ハドロン衝突型加速器は、ヒッグス粒子より先に通常の物質の超対称性パートナーを発見するかもしれないと実は考えられていた。結果的にそうはならなかったが。

しかし、証拠がないということは必ずしも存在しないことの証拠とは限らない。標準理論を超対称性で拡張したことにより理論の適用範囲が拡大し、そのために超対称性パートナーの検出がまだできていない可能性もある。だが通常の物質の超対称性パートナー探査が長びき、発見まで時間がかかればかかるほど、超対称性が階層性問題に対しての有力な解決であり続けることは難しくなる。そのため、問題の存在を認識していながらも、正しい解決法を得たのかどうか分からない状況なのだ。

ちなみに、超対称性はひも理論にとって不可欠な要素であり、存在するか否かは階層性問題の解決以外にも数多くのことを左右する。量子重力理論の成否にも影響するかもしれないのだ。

分数の電荷をもつクォーク

本書では原子を構成するものとして電子、陽子、中性子について説明してきたが、わかっている限りこの三つの中で電子だけが真に基本的なものだ。陽子と中性子は「クォーク」と呼ばれる、より基本的で分数電荷を持つ粒子でできている。

クォークは、1950年代から1960年代に各地の加速器実験で続々と発見された原子より小さいさまざまな粒子の込み入った分類を解決するため、陽子や中性子といった強い相互作用を持つ粒子の数学的な構成要素として最初に提案された。「数学的構成要素」という表現は、クォーク理論が深遠な未知の物理学に由来する数学的対称性を表す抽象概念とされていたことを反映している。言い換えれば、クォーク自体は必ずしも実在の粒子とは考えられていなかったのだ。おそらく、クォーク理論の提唱者たちも同意見だっただろう。ジェームズ・ジョイスの小説『フィネガンズ・ウェイク』の一節を引用して奇抜な理論名を付けた物理学者、マレー・ゲルマンも含めて。

クォークが疑いの目で見られた理由の一つは、それまで分数電荷をもった粒子が観測されたことがなかったからだ。これは原子が観測されていないことよりも深刻な問題だった。原子について言えば、それほど小さなスケールで物質について調べるための道具が当時はなかった。だがクォークの場合は状況が違っていた。粒子加速器はエネルギーを高めた陽子ビームを物質に衝突させ、その過程で強い相互作用をする粒子をたくさん発生させていた。しかし、分数電荷を持つクォークらしき物質は、そうした衝突実験からは生まれなかった。

クォークが実在することは1969年に明らかになった。想像がつくと思うが、ニュートリノがそれに貢献している。パロアルトにあるスタンフォード線形加速器センター（SLAC）の研究者たちは、電子ビームを使って陽子の詳細な性質を調べた。電子が使われたのは、ニュートリノと同様に、陽子と中性子の相互作用を支配する強い力の影響を受けないからだ。そのため、電子と陽子は電磁気によってのみ相互作用し、当時は強い力について完全にわかっていなかったこともあって、陽子から電子が飛び出す実験結果は簡単に分析できたのだ。

アーネスト・ラザフォードがアルファ粒子を原子に衝突させて散乱させたとき、原子の中心に重く、非常に密度の大きな原子核があることを発見し驚いたことを思い出してほしい。電子を陽子に衝突させて散乱させたときの結果自体はそれとは異なるものの、同じように驚くべきものだった。陽子はそれ自身がより小さな粒子で構成されており、箱の中の粒子のように、光子の内部を自由に動き回っているようだった。

最初は、その正体がゲルマンが想像していたクォークだとはわからず、リチャード・ファインマンはそれを「パートン」と命名した。その性質を明らかにするため、他の研究者たちは弱い力による相互作用しか働かない高エネルギーのニュートリノを陽子に衝突させた。電子散乱実験とニュートリノ散乱実験の結果を組み合わせてみると、パートンが分数電荷を持っていることが確認された——クォーク理論で予言されていたとおりに。クォークは実在したのだ！

だが、大きな問題が二つあった。第一に、陽子と中性子は自然界で最強の力である、いわゆる強い力によって相互作用する。しかし、電子散乱実験によって確かめられた、陽子の内部にあるクォークのような物体は、ほとんど相互作用せずにある程度自由に動き回っているように見えた。第二の問題はよりいっそう深刻だった。こうした粒子が陽子の内部に存在しているのなら、なぜ電子散乱実験でその一つを陽子から飛び出させ、単独のクォークが存在すると示すことが一度もできなかったのだろうか？

これらの難問は思いがけないかたちで見事に解決した。科学者たちはクォーク理論に基づき、クォークの相互作用が荷電粒子の電磁相互作用を模倣するという理論を構築したが、そこには3種類の異なる電荷が存在していた。他にいい用語がなかったため、物理学者たちはそれらを「カラー荷」と名付けた。これは、美術における3原色になぞらえた命名だった。

しかし、クォークの強い相互作用は電磁気力よりもはるかに強力なため、物理学者たちはこの理論の数量的な意味を完全に分析するのに役立つ数学的ツールを持っていなかった。

1973年、デヴィッド・グロスとフランク・ウィルチェック、そして二人とは独立してデヴィッド・ポリツァーは、驚くべき理論的成果を挙げた。クォーク間に働く強い相互作用がクォーク間の距離にどのように依存するか分析したところ、クォークが互いに近づくにつれて相互作用が弱くなることがわかったのだ。これは、陽子の内部を極小スケールで探る「電子散乱実験」で調べてみると、クォーク間距離が近接した高エネルギースケールではクォークの相互作用が働きにくいことを意味する。それによって、陽子内部の「パートン」がほとんど相互作用していないように見えるという、電子散乱実験とニュートリノ散乱実験の驚くべき結果が説明できた。グロスとウィルチェックは、強い相互作用のこの注目すべき性質を「漸近的自由性」と名付けた。

漸近的自由性というコインには裏の側面があった。クォーク間の相互作用の強さが短い距離で弱くなるなら、遠い距離では強くなるはずだ。これは「閉じ込め」と呼ばれる、強い相互作用が持つ新たな性質の可能性を示唆しており、それによって自由なクォークがそれまで観察されなかった理由を説明できるかもしれなかった。まるで強力な輪ゴムのように、距離が遠くなるにつれて相互作用の強さが増大し続けるなら、クォークは永遠に結合する可能性があるのだ。

素粒子の相互作用を調べる従来型の実験手法では大きすぎて計測できないレベルの強い相互作用に対して数値実験をしてみると、閉じ込めが発生しているように思われる。だが、この事実の絶対的な数学的証明は存在しない。クレイ数学研究所は、その証明に成功した人物に１００万ドルの懸賞金をかけているが、現在のところ、閉じ込めは未解明の謎のままだ。

漸近的自由性により、理論上の予測と観測結果を比較することができた。なぜなら、高エネルギーで陽子と中性子の性質を小さなスケールで調べることができる短い距離では、強い相互作用は正確に数学的な予測を行なえるくらい弱くなるからだ。その結果、「量子電磁力学」と呼ばれる電磁気学の量子論になぞらえて「量子色力学」と呼ばれるこの理論は、強い相互作用を記述するための成功した理論として確立している。

量子色力学の登場と、弱い相互作用と電磁相互作用を統合した電弱統一理論の成功によって、物理学者は自然界の既知の四つの力のうち三つについて有効な知識を獲得し、未解明なのは量子重力理論だけとなった。実験による検証には数十年かかったが、１９７２年までに標準理論は現在のかたちを整えた。

反粒子というSFチックな存在

１９２８年、イギリスの理論物理学者ポール・ディラックは、量子力学と特殊相対性理論を統合する方法を発見し、電磁気学の量子論である量子電磁力学を創始した。これはすばらしい業績であり、ディラックは20世紀の最も偉大な理論物理学者の一人になった。しかしそれがもたらす予測は、ディラックにとって思いがけないものでもあった。

ディラックが導出した「ディラック方程式」は、予想外の影響を及ぼした。電子の相対論的な量子状態をこの方程式で記述するには、負のエネルギーを持つと思われる新しい状態の存在を前提にしなければならなかったからだ。それは正のエネルギー状態とみなすこともできるのだが、そのためには電子と逆の電荷を持ち、それ以外の質量やその他の特性はすべて電子と等しい粒子が存在すると仮定する必要があった。

ディラックは困惑した。彼は、真空は「ディラックの海」と呼ばれる負のエネルギーを持つ電子で満たされている状態で、それを検出するのは不可能だと提唱した。十分なエネルギーをかければこの「海」から電子を1個取り出して観察可能な電子を生成できる。そうすれば、海に満ちた未解明の謎の電子が1個少なくなり、取り出された電子と反対の電荷の「孔」(負の電子の欠落箇所)が海に残されたように見える。ディラックは、その孔が海に満ちる他の電子と相互作用し、重い正の粒子のように振る舞うのではないかと主張し、それを陽子だとした。だがパウリらによって、すぐにこの理屈が成り立たないことが示された。

ディラックの困惑は長くは続かなかった。彼の理論が完成してから1年もしないうちに、アメリカの物理学者カール・アンダーソンが宇宙線の粒子の軌跡を検出装置で調べたところ、宇宙線の中に、正の電荷を帯びている以外はすべての点で電子に似た粒子による軌跡を発見したのだ。「陽電子」と名付けられたこの粒子は、まさにディラックの理論によって予測されたものであるとすぐに理解された。ディラック自身はのちに、自分の方程式は自分よりも賢かったと述べている。

量子力学と特殊相対性理論を統合した結果として、電子やクォークといったすべての素粒子には、等しい質量と反対の電荷を持つ「反粒子」と呼ばれるパートナーが必ず存在することが現在ではわかっている。電磁相互作用の伝達物質である光子のような電荷を持たない一部の粒子には、それ自体が反粒子になりうるものがある。陽電子が存在するのと同様に、反陽子を構成する反クォークやその他の反粒子も存在していなければならない。現在ではこうした反粒子はすべて検出されており、素粒子加速器で反粒子を生成することも日常的に行なわれている。実際に、物理学者は反粒子のビームを生成して粒子と衝突させ、物質と放射線の性質についてさらに研究することができるのだ。

反粒子はSFチックなものに思えるが、実際にはそうではない。粒子と反粒子が衝突するとその質量エネルギーは純粋な放射線に変換されるが、それ以外の点では、反粒子はパートナーの粒子と本質的に同じような振る舞いをする。反粒子は粒子と同じように重力場で落下する。反水素は陽電子と反陽子が結合した状態のもので、基本的に水素とまったく同じ原子スペクトルを持っている。私たちが反物質をそのように呼ぶのは、この世界がたまたま反物質ではなく物質で満ちているからだ。

私が著書『The Physics of Star Trek』（未邦訳）で述べたように、もし地球が反物質でできていたら、「反恋人」たちは反物質の月の下で反物質の車に乗って反物質の恋愛をするかもしれない。同書ではまた、反物質が奇妙で異質なものに思える唯一の理由は、それがめったに目にしないものだからだとも書いた。その意味ではベルギー人も奇妙で異質な存在だと思えるかもしれない。実際はそうではないのだが、ベルギー出身の人に出会うことがほとんどないためにそう思えるのかもしれない（以前ベルギーで講演したとき、このジョークは聴衆に受けなかった）。

地球と反地球

当然、ここからより深い疑問が生じる。私たちはなぜ「反地球」ではなく地球に住んでいるのか？　より具体的には、近くの惑星や恒星、銀河を観察すると物質だけが見えて反物質が観察できないのはなぜなのだろうか？　地球に降り注ぐ高エネルギー宇宙線のさまざまな飛来物の中からはいくつかの反粒子が検出されるのは確かだが、それらはごくまれで異質なものだ。なぜ私たちは物質の宇宙に住んでいるように見えるのだろうか？

あなたは毎朝目を覚ますたびにそれについて思いを巡らせたりはしないかもしれないが、物理学者がミクロの世界の物理法則を宇宙に適用しようと考え始めたら、この疑問は頭から離れなくなる。まず、名称について少し説明しよう。陽子と中性子は、バリオン［素粒子のうち最も質量の大きな粒子の総称］と呼ばれるものの一つだ。宇宙において、陽子と中性子（両者は私たちが目にするすべてのものの原子核を構成している）の存在は、それぞれの反粒子と不均衡であることがわかっている。それは「宇宙のバリオン数の破れ」と呼ばれている。

問題は、誕生したばかりの初期宇宙では、粒子と反粒子がほぼ同数だったというのが合理的な考え方だということだ。これまで見てきたように、最初期の宇宙は高温かつ高密度だった。粒子の静止質量に関するエネルギーより温度がはるかに高い場合、放射線が物質に、物質が放射線にそれぞれ変換される可能性がある。だが、中性子線が物質に変換されると同数の粒子と反粒子が生成され、総電荷はゼロになる。これは、超高温下で粒子と放射線の高密度ガス中に同数の粒子と反粒子が存在するはずだったことを意味している。

しかし、初期宇宙にバリオンと反バリオンが同数存在していたなら、私はこの本を書いていないし、読者も読もうとは思わないはずだ。バリオンと反バリオンの強い相互作用が実に強力だったため、現在までにすべてのバリオンと反バリオンが互いに衝突して消滅する「対消滅」が起き、放射線だけが満ちた宇宙が残っていただろう。

時間を遡ってみると、ほぼそのとおりだったことが分かる。現在の宇宙には、陽子1個あたりおよそ10億個から100億個の光子が宇宙マイクロ波背景放射（CMB）中に存在する。現在観測されるこの比率となったのは、宇宙の非常に早い時期に、10億個程度のバリオンと同数の反バリオンの組み合わせにおいて、バリオンが1個だけ多く生み出されたことを意味している。10億個のバリオンが10億個の反バリオンによって対消滅し、CMBを現在構成している光子を生成したのだ。消滅を免れたバリオンが宇宙の各領域に一つ残っていたおかげで、こうして発生した光子から今日私たちが目にしている宇宙のすべての星や銀河が誕生したのだ。

理解が難しい考え方だと思うが、ごくわずかな量だけ反物質よりも多く存在した物質から宇宙が何らかの方法で誕生したか、あるいは、太古の昔からの何らかの力学的なプロセスによってそうした物質のごくわずかな過剰状態が生まれたかのどちらかだ。現代の宇宙論の課題は、それがどのようにして起こりうるのかを解明することである。

素粒子物理学で初期宇宙の成り立ちを解明することが物理学界の趨勢（すうせい）となる以前の1967年、ソ連における水爆の父の一人で、のちにロシアの反体制活動家として有名になったソ連の物理学者アンドレイ・サハロフは、初期宇宙でバリオン数の破れが起こるために何が必要だったかを概要として正確にまとめた、洞察に富んだ物理学論文を著した。その内容はどれも当時知られていた物理の法則とは異なっていたため、すっきりとした論文ではなかったが、目新しい項目として以下が含まれていた。

1　現在ある数のバリオンを生成または消滅させる相互作用。これは日常の物理学には存在しないものだ。もし存在するなら、陽子は不安定なものになり、崩壊して陽電子やニュートリノ、光子といった軽粒子になる可能性がある。

2　宇宙初期の熱平衡状態からの乖離（かいり）。熱平衡の状態では、たとえばバリオンの生成といった一方向に進む反応の速度は、バリオンを消滅させるような逆方向に進む反応の速度と正確に等しくなければならない。したがって、たとえバリオン数の破れを引き起こす相互作用が存在していたとしても、宇宙が熱平衡状態にあったのなら、そもそもバリオン数の破れそのものが存在しなかったのなら、完全なバリオン数の破れは生じないはずだ。

3　三つめはもっと微妙な項目だが、基本的には粒子と反粒子の対称性の破れについてだ。すでに述べたとおり、反対の電荷を持つ点を除き、反粒子はそのパートナーである粒子と基本的に同じ相互作用を持っている。これが疑いのない真実であれば、初期宇宙で粒子が他の粒子と相互作用してバリオンを生成させ、あるいは消滅させるすべてのプロセスについて、反粒子に関してもまったく逆のプロセスが起こることになる。繰り返しになるが、そもそもバリオンと反バリオンの非対称性が存在しないとしたら、この対称性が維持される限りどんなものも生まれることはないのだ。

対称性からわかる驚きの事実

粒子と反粒子間の対称性は微妙に異なり、より詳細に検討する価値がある。それには、自然界に存在する二つの異なる対称性の組み合わせについて考えることが不可欠だ。粒子と反粒子が入れ替わっても自然の姿がまったく同じに見えるためには、一つめの対称性がまずあらゆる正の荷電を負の荷電に、またその逆に交換できることになる（この入れ替えが成立する対称性は「荷電共役（C）対称性」と呼ばれる）。二つめの対称性は、すでに見てきたように左右の入れ替えが可能なもので、「パリティ（P）対称性」と呼ばれる。荷電共役（C）とパリティ（P）の両方の入れ替え（CP）を実行する必要がある理由は、シンプルな例を考えてみると理解しやすい。電子と陽電子が反対方向に動いていて、電子の運動方向が左、陽電子が右だとしよう。C変換を実行すると、陽電子が左に、電子が右に動くことになる。それから左右を入れ替えるP変換を実行すると、電子が左、陽電子が右へと再び動くことになる。

相対性理論と量子力学を組み合わせると、荷電共役（C）とパリティ（P）、時間の進行（T）とを同時に逆転させても自然は不変でなければならないというのもまた驚くべき事実だ。そのため、宇宙においてバリオンと反バリオンの非対称性を生じさせるために必要なのと同様に、CP対称性が破れていればTもまた破れているため、C、P、Tの組み合わせによる変換で物理学の体系は変化しないことを示している。したがって、CP対称性が破れていると証明するのは、驚くべきことに、物理学の法則は何らかの基本的なレベルで時間が進むのと戻るのを区別していると言うことと同じなのだ。

サハロフの理論で必要とされるプロセスの中で最初に存在が確認されたものはおそらく最も奇妙

なものだ。

　１９６４年に、Ｋ中間子と呼ばれる新種の粒子の珍しい崩壊実験の観測からＣＰ対称性の破れが発見されたとき、物理学界は大きな驚きを持って迎えた。この粒子は陽子や中性子を構成しているクォークとは異なる、マレー・ゲルマンによって「ストレンジクォーク」と名付けられたクォークを含んでいる。ストレンジクォークとその反粒子の混合による弱い相互作用によってＣＰ対称性が破れているという発見は、物理学界に再び衝撃を与えた。パリティ対称性が破れているという発見が物理学界を揺るがしてからわずか8年しか経っていなかった。

　ＣＰ対称性の破れはきわめてまれで微小なものだったが非常な驚きだった。その次にＣＰ対称性の破れを示す別の例がよりいっそう特殊な粒子体系の中で発見されるまでにはおよそ30年を要した。それほど微小な効果の原因は、ＣＰ対称性の破れが実験で確かめられてからほぼ10年間謎のままだった。そして１９７３年、小林誠（こばやしまこと）と益川敏英（ますかわとしひで）が、先行する同じくらい大胆な予想に負けないほどの大胆な予想を立てた。

　ＣＰ対称性の破れの発見とほぼ同じころ、理論物理学者のシェルドン・グラショーとジェームズ・ビョルケンは、（既存のアップ、ダウン、ストレンジの各クォークに加えて）第四のクォークが存在するかもしれないと予想し、それに「チャームクォーク」と名付けた。１９７０年、グラショーと共同研究者たちはなぜそれが存在するのかについてのさらなる数学的根拠を示し、１９７４年になってチャームクォークを含んでいる最初の粒子が発見された。

　第四のクォークであるチャームクォークの提案は、クォークの種類を二つの「ファミリー」に分類できるようにするためだった。それはちょうどレプトンとニュートリノの二つのファミリーをイメージしている。レプトンは、電子とそのより重いいとこであり、イシドール・I・ラービに「誰がこんなものを注文したんだ？」と言わせたミューオンで構成されている。こうして、電子とミューオンをそれぞれの対応するニュートリノへと変換できる弱い相互作用は、それと同様に（陽子と中性子を構成する）アップクォークとダウンクォーク同士、そして第二のファミリーのストレンジクォークとチャームクォーク同士を相互に変換できるのではないかと想定されたのだ。

小林と益川は、グラショーと共同研究者たちによるチャームクォークの提唱に基づいて、現在では「ボトムクォーク」と「トップクォーク」として知られる第三のクォークファミリーが存在するはずだと論じた。ふたりの提案は純粋に理論的なもので、シンプルな数学的結果を基礎にしていた。クォークに三つのファミリーが存在するなら、クォークの弱い相互作用によってクォーク同士が混ざり合い、それによる相互作用から「CP対称性の破れ」が自然な帰結として起こることが可能になると示せるからだ。ファミリーが二つだと、そうした事項が独立した事象として現れることはないと示すことになる。

CP対称性を破るごく小さなパラメーターが弱い相互作用の中に存在することを可能とすべく、「行列」と呼ばれるものの難解な数学的特性だけを根拠に、全く新しいクォークファミリーを予言するのがいかに大胆なことであるか想像してみてほしい。

そして、自然がまた協力した。1975年に、レプトンのうち電子から3番目に重い種類のタウ粒子とそのニュートリノがそろって発見された。次いで1977年にボトムクォークが、1994年にトップクォークが発見され、クォークとレプトンの対称性が完成した。

自然界にはこれで3種類の素粒子ファミリーがそろったが、私たちの身の周りにあるような（そ

素粒子ファミリー

して、実のところそのすべての）物体は、最初の素粒子ファミリーだけから生じている。ラービの「誰がこんなものを注文したんだ？」を2乗したようなものだろうか？

　クォークとレプトンに三つのファミリーがあれば、そこに含まれる粒子12種類の質量は12通り存在する。クォークの組み合わせを弱い相互作用が結合させるやり方は3通りあり、ニュートリノの組み合わせを結合させる方法も3通りある。一つひとつがさまざまな精度で測定されているこうしたパラメーターの値は、いったいどこから発生しているのだろうか？　それはまだ解明されていない。

　ファミリーは三つだけなのか？　それとも、より質量の重いクォークやレプトンのファミリーが今後発見されるのだろうか？　きっともう見つからないはずだと考えられている。最も重いクォークであるトップクォークに匹敵する質量をヒッグス粒子が有しているためだ。粒子に質量が生じるのはヒッグス場と結合することによるのなら、粒子の質量がヒッグス場の質量よりはるかに大きくなるとしたらその仕組みは成り立ちにくい。

興味深い論点だが、異なる種類のファミリーとヒッグス場がどう結合するのか、それを決定するものはあるのか、どちらも未解明なのだ。

少し長々とCP対称性の破れ、およびクォークとレプトンに三つのファミリーが存在することについて触れてきた。それは、現在知られているすべての物質を構成する粒子について、私たちにいま分かっていることとそうでないことを明らかにするために、そして宇宙の物質・反物質非対称性（バリオン数の破れ）が発生したプロセスに関する理解を深めるためにも重要だからだ。

素粒子物理学の標準理論でCP対称性が発見されたことで、バリオンの非対称性を解明する一つの重要事項を手に入れたように思えるかもしれないが、実際にはそれはむしろ解明をはばむ障害となっている。クォークの弱い相互作用で観測されたCP対称性の破れは、宇宙の初期にバリオンと反バリオンの非対称性が10億分の1という小さなスケールで発生したこととの理由を示すのにさえ小さすぎるのだ。

だが少々驚くべきことに、サハロフが提唱する、バリオン数の破れを生み出した「バリオジェネシス」の仕組みで示される他の二つの要素もまた、標準理論で説明できることが判明した。弱い相互作用と電磁相互作用は、宇宙が低温になるにしたがって極小レベルと高温環境においては統合されたものの、ある時点から二つの強度の間の差が開き始めた。これは、初期宇宙において相転移が起きたことを意味し、本質的に同じものだった弱い相互作用と電磁相互作用が、異なるものになったことを示している。自然界において相転移が起きるときには、交通量の多い冬の道路で水が摂氏0度以下に冷え、そして急に凍るという最初に説明した例のように、熱平衡状態でなくなっている可能性がある。

それだけでなく、卓越したオランダ人理論物理学者ヘーラルト・トホーフトが初めて解明したユニークなプロセスでは、標準理論においてもバリオン数の破れが起きうるのだ。幸いなことに少なくとも私たちが存在し続けるうえで（人間は陽子と中性子でできていることから）、低温でのトホーフトのプロセスによる効果は問題にならないほど小さい。しかし、そうした効果は初期宇宙において際限なく発生した可能性がある。思いがけない幸運のように思えるが実はそうではない。こうしたプロセスが高温で熱平衡状態にある場合、その実質的な効果は既存のバリオン数の破れを消し去ってしまうことが一般的だ。

標準理論には最後の問題がもう一つあり、それはＣＰ対称性の破れの性質にも関連している。弱い相互作用において観察されるわずかなＣＰ対称性の破れは強い相互作用に影響を与え、陽子と中性子に対して気まぐれなほど大きなＣＰ対称性の破れの効果をもたらす可能性があるものの、実験では観測されていない。これは「強いＣＰ問題」として１９７０年代から認識され、今でもその答えはわかっていないのだが、標準理論を超える新しい物理学を必要としていることは明らかだ。

宇宙における物質と反物質の非対称性の発生、ＣＰ対称性の破れをどう扱うか、基本粒子の構成の理解のすべては、標準理論を超える物理学を解明することの必要性を示している。

四つの力以外の力はあるのか

さらに、こうした謎が未解明のままであるだけでなく、観測によって判明しているある宇宙の性質が疑問を投げかけている。現在、自然界には重力、電磁気力、弱い力、強い力という四つの力があることがわかっている。四つの力の強さには40桁以上の差があり、最も弱いのは重力で、名前の通り最も強いのが強い力だ。これら以外に、まだ発見されていない他の「力」は存在するのだろうか？

弱い力と電磁気力は、W粒子とZ粒子、そしてヒッグス粒子の発見によって統一された。このことにアラン・グースは疑問をもった。それがインフレーション理論を提唱するきっかけとなり、グースは同理論の第一人者となったのだ。彼は、自然界におけるあらゆる既知の（そして未知の）力は、ある高エネルギーかつ働く距離が短い状況で統合されている可能性はあるのか、と問いかけたのだった。

漸近的自由性が発見され、電弱統一理論の基礎となる理論的枠組みが完成し、W粒子、Z粒子、ヒッグス粒子、ボトムクォーク、トップクォーク、タウレプトンはまだ発見されていなかった1974年の段階で、少なくとも重力以外の三つの力は高いエネルギーのもとでは統一されている可能性が高いことを、物理学者たちは二つの重要な研究成果から知ることとなった。

強い力はより小さな距離において、より高いエネルギーで探索するほど弱くなることがひとたび確認されると、電磁気力と弱い力についても同様の検証が行なわれた。ロシア人の偉大な理論物理学者であるレフ・ランダウの業績によって、あまり多く語られることはないものの、電磁気力の強さもスケールに依存することが数十年前から知られており、電磁気力はスケールが小さくなるほど強くなる。電弱スケール、つまり陽子の質量の約１００倍でかつ陽子の大きさの約１００分の１の距離よりも小さいスケールでは、電磁気力と弱い力の組み合わせに関して二つの結合の強さを計算でき、際立ったパターンが出現し始めた。弱い力と電磁気力が強くなり、強い力が弱くなるなら、この三つの力は超高エネルギーのもとで同じ強さの力へと統合する可能性はあるのだろうか？

スティーブン・ワインバーグやハワード・ジョージらによる初期の計算では、陽子の静止質量より15桁程度大きいエネルギーか、あるいは陽子より15桁程度小さいサイズの統一スケールでそのような可能性があることが強く示唆されていた。この可能性は魅力的なものに思えたが、当時も今も加速器で直接観測するにはこのスケールは極小過ぎた。

同時に、ワインバーグとともに弱い力と電磁気力を統一的に扱う理論の確立を主導したシェルドン・グラショーは、四つの既知の力と粒子が持つ、魅力的な別の数学的性質に気づいていた。

すでに述べたとおり、自然界に存在する四つの力には「ゲージ対称性」と呼ばれる対称性が関係している。数学的には、「リー群」と呼ばれる量をそうした対称性のすべてに対して関連付けることができる。群の構造が大きいほど、力の伝達により多くの素粒子がかかわっている。電磁気力を伝える粒子は光子一つだけだ。弱い力にはW粒子とZ粒子の二つが関わっている。強い力にはグルーオンと呼ばれる八つの粒子が関係しており、それらがクォーク間の相互作用を伝達している。

グラショーと共同研究者のハワード・ジョージは、これらの対称群のすべてがシンプルで洗練された構造に結合され、それが自然界に存在する既知のすべての力を包含するだけでなく、既知のすべての素粒子も包含することを発見した。

それだけでなく、このことが自然界で起きると、この超高エネルギーのもとでは陽子をより軽い電子とニュートリノなどに崩壊させる新しい相互作用が生まれるのだ。こうした相互作用は超高エネルギーのスケールにおける新しい物理学と関係しているため、私たちが現在観測するようなスケールにおいてはその影響は極めて小さいものとなる。

陽子は確かに崩壊するのだが、その平均寿命は10^{30}年以上と、現在の宇宙の年齢より20桁も長い。だが、宇宙の温度が新しい相互作用のスケールと同等だったとき（宇宙誕生から10^{-35}秒後）、このようなバリオン数の破れを引き起こす相互作用は頻繁に起こっていたのかもしれない。

もし強い相互作用と弱い相互作用、電磁相互作用がこのスケールで一つになり、温度がそのスケールより低くなると、平衡状態を失わせる相転移が起きた可能性がある。そして、生まれたすべての新しい粒子と相互作用によって、CP対称性の破れの新たな原因が容易に発生したはずだ。長く探究されてきた、宇宙におけるバリオン数の破れの基本的な要因と考えられるものが判明したように思われた。

大統一理論がかかえる問題

異なる力を統合できそうな気運が高まってきたことから、こうした新たな理論的枠組みに対して1978年に新しい名称が考案されたことは実に適切だった。それは「大統一理論」だ。

私が大学院に入学した当時、素粒子物理学界の関心は大統一理論のようなすばらしい可能性に集まり始めており、熱い期待を感じたものだ。大統一理論をテーマに初めて開催されたワークショップに参加したときのこともおぼえている。ワークショップ会場に早く着いた友人のジョー・リッケン（現フェルミ国立加速器研究所副所長）と私は、ワークショップのスタッフから大統一理論とは何のことかと尋ねられ、それはシェルドン・グラショーとスティーブン・ワインバーグという高僧に率いられた「大統一理論教」という新しい宗教です、と答えずにはいられなかった。

残念なことに、大統一理論のアイデアはまるで印象派の絵画のようで、遠くから眺めるぶんには非の打ち所がないのだが、子細に検討し始めるとあいまいなところがあり、理論のほころびも次第に目につき始めた。

最初の理論的欠陥は陽子崩壊に関するものだ。大統一理論の発展に大いに刺激された実験物理学者たちは、稼働中の鉱山の地下に巨大な水槽を造って超高純度の精製水で満たし、その周囲に光センサーをリング状に張り巡らせて、水槽内から発するどんな光でも観測できるようにした。これは、もし陽子の平均寿命が10^{30}年だとすれば、水槽中に10^{30}個の陽子を蓄えることで、陽子崩壊を1年に1回観測できる計算になるという原理に基づいていた。陽子崩壊で放出される物質は多量の放射能を帯びて水槽外に出ていく。

こうした実験水槽は日本やアメリカをはじめ各地に建設され、実験物理学者たちは陽子崩壊を示すシグナルをずっと待ち続けてきた。最初の陽子崩壊観測装置が稼働を開始して40年以上になるものの、そうしたシグナルはまだ観測されていない。しかし、それによって大統一理論が否定されるものではない。大統一理論にもいくつかのモデルがあり、陽子の寿命は理論ごとの細かい部分での違いや、力を統一するスケールによって決まる。シェルドン・グラショーとハワード・ジョージが最初に提唱したモデルは現在では採用されないが、大統一の起こるスケールが2倍から4倍程度増加するだけで陽子の寿命は10倍以上長くなることから、グラショーたちのモデル以外にも大統一理論には多くの可能性がある。

大統一理論のうち、最もシンプルなものの欠陥は、従来の標準理論による物理学で説明できない深刻なものだ。重力以外の三つの力が高いエネルギースケールで統合する時の強さをより精密に観測して詳細に計算してみると、三つの力が相互作用する強さは、大統一理論から導かれる一つの高エネルギー状態で一致しないことが明らかになったのだ。

幸いなことに、この問題の発見と時を同じくして、それを解決できそうな方法もまた見つかっている。電弱統一理論のスケールと量子重力のスケールとの間には大きな開きがあり、階層性問題と呼ばれていることは詳しく説明したとおりだ。そして、この問題を解決するために、自然界には「超対称性」と呼ばれる対称性が存在すると物理学者たちが提唱したことを思い出してほしい。電弱スケールの近辺には通常の物質と対になる超対称性粒子が多数存在してそれを安定させている可能性がある。

こうした新しい粒子の存在は重力を除く三つの力の相互作用が一致する強さの計算を変えるもので、その可能性を新たな計算に織り込んでみると驚異的なことがまた判明した。三つの力の相互作用の強さは陽子の静止質量よりおよそ16桁も大きなスケールでぴたりと一致するのだ。どうして陽子崩壊現象が観測されていないのかという理由も、この大きなスケールによって説明できた。

だが残念なことに、前に述べた通り、今日に至るまで大型ハドロン衝突型加速器では通常の物質の超対称性パートナー粒子は観測されていない。くり返すが、それによって大統一理論が否定されることはない。理論には柔軟性があるためだ。それでも、少なくとも理論への期待値を下げ、計算から導かれた理論モデルの位相空間［物体の位置と運動量とを座標とした多次元空間］も狭くなってしまう。超対称性と大統一理論が勢いを取り戻すのか、あるいは過去のものとして忘れられてしまうのかはいずれわかる。現在のところ両方に有力な証拠があり、物理学者のほとんどは、本書執筆の時点でちょうど稼働を再開した大型ハドロン衝突型加速器による新たな実験で、何らかの発見があるだろうと考えている。

大統一理論の発展は、ひも理論の勃興（ぼっこう）とそれによるすべての派生効果とあいまって、自然界の三つの力と重力とを統一しようとする物理学界にとっての知的源泉となった。だがまだわからない。現時点では、未解決のこうした謎を解くためにどんな新しい物理学が登場するのか見当がつかないのだ。

大統一理論と宇宙のバリオン数の破れには、本書ですでに詳しく論じた、宇宙の遠い将来に関連したある重要な特徴がある。陽子崩壊がもし本当に起きるなら、陽子の寿命が10^{30}年以上であっても、シェルドン・グラショーがあるとき力説したとおり、「ダイヤモンドも永遠ではない」のだ。究極的には、物質そのものが不安定だということになる。十分長く待ち続ければ、宇宙の物質は消滅する。陽子も中性子も原子も、惑星も恒星も消えてなくなるのだ。そんな冷たく暗い宇宙において、たとえば何らかの異質な生命体の形成と存在を可能にするような、興味深い物理的プロセスは存在しうるのだろうか？　それはわからない。

ニュートリノが物理学研究に大貢献

本書の初めの方で、自然界における物質や力について私たちが理解しているほとんどすべての新たな展開に関して、ニュートリノが広範な基盤としての役割を果たしてきたと述べたが、ここまで読んできて、基礎物理学が取り組んでいる現在の謎にニュートリノは何の役割も果たしていないのではないかと感じているだろう。ここからはニュートリノの出番だ。

階層性問題、宇宙のバリオン数の破れ、大統一理論といった、標準理論を超える物理学理論の存在を示す証拠は、これまではすべて間接的なものにすぎなかった。今日まで、標準理論が不完全なものであるという唯一の直接的な証拠は、ニュートリノの観測で得られたものだ。

標準理論においては、ニュートリノは本質的に質量を持たない。ニュートリノのスピンには左利きしかなく、粒子の進行方向に対してスピン角運動量は逆の方向を示す。だが、質量をもつ粒子の移動速度は常に光速よりも遅くなければならないのだ。こうして、ある粒子が十分に速く移動すると、他の粒子に追いつき、そして追い越すことができる。だが追い越したら、その移動の枠組みの中でニュートリノが今度は逆方向に動いている。それでも、ニュートリノのスピン角運動量の方向は変わらない。左利きの粒子が右利きの粒子になるのだ。質量をもつ粒子には、したがって左利きと右利きの両方の状態が存在しなければならない。

1960年代から1970年代の素粒子物理学と天体物理学で研究者を最も悩ませた未解決の謎の一つは「太陽ニュートリノ問題」と呼ばれるものだった。1940年代から理論的に大きく発達した原子核物理学の理解をもとに太陽を詳細に観測したことで、なぜ太陽は輝くのかという20世紀初頭の科学にとって最も大きな謎の一つはすでに解決されていた。核融合の発見は大量破壊兵器の開発と実用化につながったばかりではなく、太陽エネルギーの発生源であり今後最低でも50億年は続くプロセスを物理学者たちが発見し、計算することを可能にした。

水素の核である陽子がヘリウムの核に変換されることで、化学反応のうち最大のエネルギーを生み出すもののおよそ２０００万倍のエネルギーが発生する。太陽が発するエネルギーの量は解明されているから、それをもとにして太陽の中心部で起こっている原子核反応の速度を計算することができる。だが、望遠鏡で太陽の内部を見ることはできず、そこで起きている原子核反応を観測することはできない。すでに説明したとおり、太陽から放出される光子は太陽の内部から表面まで、原子と不規則に衝突しながら約１００万年かけて移動するため、光子もまた原子核反応の直接的な根拠とはなりえない。だが幸運なことに、ニュートリノがそうした根拠を提供してくれるのだ。

ニュートリノは太陽内部のエネルギー源となっている複数の原子核反応によって放出され、ニュートリノ同士の相互作用も非常に弱いため、原形を留めたままほんの数秒で太陽の表面から飛び出してくる。毎日絶え間なく太陽から放出される、毎秒１００兆個以上ものニュートリノが地球上に降り注ぎ、私たちの存在には気づかず通り過ぎていく。

１９６５年、レイ・デイビスという大胆な（あるいは無謀とも思える）化学者が、太陽からやってくるニュートリノを測定できる検出器を製作できるか検討するため、飛来するニュートリノの推定量を早い段階で計算した。彼はサウスダコタ州にある鉱山の地下約１マイル（１・６㎞）の場所に、四塩化エチレンの洗浄液を入れた10万ガロン（約37万９０００リットル）の液体で満たした検出装置を建設した。デイビスの計算では、この装置に降り注ぐ数十億個のニュートリノのうち、１日に１個の割合で塩素原子の原子核に衝突してそれをアルゴン原子の原子核に変えるはずだった。デイビスがすごいのは、10万ガロンの四塩化エチレンの中で、アルゴン原子を１カ月に30個検出できると考えたことだ。

この実験は成功し、物理学界を驚かせた。だが問題も一つあった。その後20年にわたって、太陽ニュートリノの標準モデルから予測されるニュートリノ生成量の30%程度しかデイビスは検出できなかったのだ。

　実験は非常に困難なものだったため、想定されている精度でニュートリノを検出するのはまず不可能だろうと物理学者の多くは予想していた。また、天体物理学に対して不信感を抱き、太陽ニュートリノモデルの計算は正しくないのではないかと考えている物理学者もいた。なにしろ、太陽内部の仕組みは「地獄の業火」という表現がふさわしいくらい複雑に違いないのだから。

　私はデイビスの実験結果が他の天体物理学データと整合することを、太陽モデルの欠陥で説明できないか学生や同僚たちと何年も研究したのだが、それは難しいことがわかった。私たち同様の検証に挑んだ他の研究グループも同じ結論に達している。

　そうなると、太陽やデイビスの検出器ではなく、おそらくニュートリノに問題があったのだろう。ニュートリノに質量がないなら、検出器は予測された量のニュートリノを確実に検出するはずだった。だがもしニュートリノに質量があるなら、たとえそれがきわめてわずかな質量でも、いや、むしろきわめてわずかな質量の場合に、他の素粒子系ですでに見つかっている現象がニュートリノでも起こりうる。それは、種類の異なるニュートリノが互いに移り変わる「ニュートリノ振動」だ。

　二つの違う種類のニュートリノで質量が異なるだけでも、原子核反応によって生まれた電子ニュートリノが太陽から地球に届く過程で、仲間のニュートリノであるミューニュートリノへと転換する可能性がある。デイビスの検出器は、電子ニュートリノをそれが塩素中で引き起こした原子核反応を通じてしか検出できないことから、当然の帰結としてニュートリノを十分に検出できなかったのかもしれない。

それが原因だと真剣に考えていた人間がどれほど多くいたのかはわからないけれど、私と私の共同研究者が執筆した6本以上を含む、数千本の物理学論文がこの可能性について論考している。私は同僚のシェルドン・グラショーと、ある種類のニュートリノ振動に名前を付けもした。ラドヤード・キプリングの『Just So Stories』（邦訳『キプリング童話集——動物と世界のはじまりの物語』KTC中央出版）にちなんで、ニュートリノの質量が「ぴったりの（Just So）」状態で太陽と地球の間で1回の振動だけを許容するものを「Just So 振動」と名付けたのだ。

ニュートリノ振動が実際に起きることを証明する方法は、1種類だけでなくすべての種類のニュートリノを検出する装置を建設することだった。そうして、カナダのサドベリーにある鉱山に、サドベリー・ニュートリノ天文台（SNO）という重水を用いる検出器が建設された。

SNOの観測によって、全種類のニュートリノの波は太陽モデルの予測と一致するという結果が2001年に発表された。電子ニュートリノは振動していた。ニュートリノは質量を有していたのだ。宇宙から飛んでくる宇宙線が大気と衝突して生成される「大気ニュートリノ」を利用してさらに実験してからは、電子ニュートリノがミューニュートリノへと変化するだけでなく、ミューニュートリノもタウニュートリノに変化することが示された。つまり、すべての種類のニュートリノが質量を有しているように思われた。

こうした結果は天体物理学にとって重要なだけでなく、現在でも標準理論の考え方では説明のできない物理学上の実験結果であり続けていることから、きわめて重大なものであった。ニュートリノが質量を持つということは、右利きのニュートリノが存在するはずだということを意味している。これは、次のうちどちらかの可能性を示唆するものだ。ニュートリノがそれ自身の反物質であり、左利きのニュートリノと右利きの反ニュートリノは単に同じ素粒子の異なるパリティ状態を示すものであるか、標準理論によれば通常の物質のどんな素粒子とも相互作用することのない、まだ知られていない右利きのニュートリノの状態が存在するかだ。どちらであっても、実に劇的な新しい物理学の登場を意味している。

通常の物質と相互作用しない新しい素粒子といえば、暗黒物質を思い出す人もいるかもしれない。実際、銀河の質量の大半を占める暗黒物質の最有力候補がニュートリノだと長い間思われていたのだ。だが残念ながら、判明しているニュートリノ質量についての制約によってこの可能性は否定されている。

それでも、ニュートリノに質量があることは、大統一理論と、観測で存在が確かめられているバリオン数の破れをもたらす仕組みの両方にとって重要な意味を持っている。

ニュートリノの質量問題にしばらく取り組んだ物理学者たちは、ある大きな疑問を抱くようになった。それは、ニュートリノが本当に質量を持っているなら、なぜその質量はこれほど小さいのか、ということだ。ニュートリノが持ちうる質量には厳しい制約があり、ニュートリノに次いで軽い粒子である電子の質量と比べてせいぜい50万分の1しかないことが1980年代にすでに知られていた。

その理由は「シーソー機構」と呼ばれる仕組みのためだった。大統一理論のスケールにしたがって、観測されていない右利きのニュートリノが非常に大きな質量で存在するなら、それに対応する左利きのニュートリノは、太陽ニュートリノ問題の原因となるニュートリノ振動をちょうど引き起こすくらいのごくわずかな質量だと説明できる、という理論だ。

したがって、大統一理論のスケールに適合した新しい物理理論の存在を示す最も有力な直接の証拠は、ニュートリノから得られるだろう。そして、右利きのニュートリノと左利きのニュートリノを異なる質量スケールに区別することには別の利点もある。それによって、ニュートリノはそれ自体の反粒子と同一の、別名「マヨラナ粒子」であることが示されるのだ。だが、ニュートリノはレプトンであり、ニュートリノの反粒子である反ニュートリノは反レプトンだから、マヨラナ粒子のようにレプトンと反レプトンを同一であるとすることは、一般的に粒子と反粒子を区別している物理学上の対称性が、ニュートリノの質量によって破られることを意味するのだ。

これは、物質・反物質の非対称性の問題を解決するかもしれない。なぜなら、高温状態における弱い相互作用の物理は、宇宙初期に発生していたバリオン・反バリオンの非対称性を消滅させたかもしれないが、存在していたかもしれないレプトン・反レプトンの非対称性を消滅させることは不可能だ。宇宙初期にそうした非対称性が発生していたなら、まだ知られていないニュートリノの新たな相互作用によってバリオンの非対称性へと転換した可能性がある。「レプトン数生成」に関するこうした説明は、私たちの宇宙がなぜ反物質ではなく物質で構成されているのかという理由を最も現実的に示すものだと多くの物理学者は現在考えている。

レプトン数生成が魅力的な考え方だという理由がもう一つある。ニュートリノの三つの世代（ファミリー）がすべて質量を持つなら、ニュートリノの質量はこれまで標準理論の枠内で観察されたものを超える、新たなＣＰ対称性の破れの原因となるかもしれない。そして、ニュートリノ質量に起因するＣＰ対称性の破れはずっと大きく、実験によって解明されている制限とも整合する可能性がある。そうしたCP対称性の破れは少なくとも一つの実験によって示されているが、その結果についてはまだ議論が続いている。それについてさらに確かめるため、二つの超大型実験計画がアメリカと日本でそれぞれ進行中だ［アメリカの「DUNE（Deep Underground Neutrino Experiment）と日本の「ハイパーカミオカンデ」の両計画］。

自然界の四つの力を統合する可能性から、なぜ私たちの住む宇宙は物質でできているのかに至るまで、標準理論には多くの謎がある。ニュートリノがそれらを解く鍵となるのだろうか？　それはまだわからない。今後の解明に期待しよう。

量子力学の五つの特徴

自然界の基本的なスケールにおいて、物質はさまざまな不思議な特性を持っているが、それらの中でおそらく最も奇妙なのは、物質がどう振る舞うかの法則を規定するものだ。それは量子力学である。少なくとも、物質で構成される宇宙のまさに中核を支配している法則がクレイジーなものだ、という事実に触れないまま、自然界における未解明の謎について語ることはできない。

やはり、生物学を議論するには進化を語ることが不可欠であるのと同様に、現在の世界を説明するのに量子力学は必須なのだ。それは私が原稿を書いているコンピューターから、日々の生活になくてはならないものになりつつあるスマートフォンの機構、自動車を走らせるための機能を制御している電子機器に至るまで、現代のテクノロジーを支えるあらゆるものの基盤になっている。

量子力学を細部まで説明するには本が1冊まるごと必要だ。だが私たちのいる量子宇宙の根底にある、さまざまな重要な特徴を簡略化して説明することはできる。

1

量子力学では、物質は同時に多くの異なる状態で存在できる。私から見れば、現実世界の量子力学的な解釈と古典力学的な解釈の主要な差異には、量子力学が支配する物理体系が関係している。古典力学では、投げられたボールはニュートンの法則から導かれるとおりの軌道を描く。ブラウン管から飛び出した無数の電子は、総じてボールと同じ軌道を辿る。だが、個々の電子が具体的にどんな軌道で飛ぶかについて予測することはまったく不可能だ。実際、観測してみないことにはどんな軌道になるのか口にすることすら無意味なのだ。それは、電子が一度にたくさんの軌道をとっているかのように振る舞うからだ。電子が特定の軌道を描くことを示すために事前にどれほど観測しても、実際に電子の位置を観測してみると、事前のデータと一致する軌道は一つも存在しないことがわかる。私の考えでは、リチャード・ファインマンが量子力学の「経路積分」という手法として提唱したこの考え方は、量子論の核心を最も端的に表すものだ。

2

量子力学において、状態を表す基本的な量は物体の波動関数であり、端的に言えば、それによって物体が取りうる状態のうち任意のいずれかでその物体が観測される確率を常に正確に予測できる。量子力学についてよく語られる誤解の一つは、量子力学は決定論的ではない、というものだ。それは正しくない。量子力学は、波動関数の時間的変化を記述する方程式に基づいている。これは、どこかの早い時点で波動関数の値を指定すると、少なくとも原理的にはその後のすべての時点での値を正確に決定できることを意味している。

波動関数をより厳密に定義すると、観測対象の系がある特定の状態にあることを複素数で表す「確率振幅」を導くものだ。波動関数の2乗は、対象としている系が取りうる数多くの状態のいずれかであると観測される確率（0から1の間の実数）を表す。量子力学はそうした確率を正確に決定する。同じ意味で、実験結果によって確かめられるのもこうして予測された確率だけであることを量子力学は教えてくれる。ある系の初期状態を正確に決定することが不可能なのは、同時に複数の存在可能な状態にある「重ね合わせ」と呼ばれる現象のためだ。重ね合わせは、ある粒子がA点からB点へと移動する軌道には実にさまざまな可能性があり、その2点間で実際に観測しない限りどの軌道を辿ったかわからないという事実を、別の形で表現している。

3

ある系の性質をどういう順序で観測するかによって、そうした性質がどう観測されるか決まることがある。別の言い方をすると、粒子の運動量や位置などといった一部の性質については、観測する順序を逆にすると元の観測で得られたものとは異なる結果が出る。これは有名な「ハイゼンベルクの不確定性原理」であり、たとえば量子力学にしたがう物体の位置と運動量、またはある時点におけるそのエネルギーの正確な値を１００％の精度で観測することはできない。

4

複数の異なる物体で構成される系がある量子状態に固定されると、系が崩れない限り、物体同士は離れていても密接な相関関係によってつながり続ける。したがって、ある物体を観測した瞬間に、もう一つの物体が取りうる量子状態が決定される。「量子もつれ」と呼ばれるこの現象が、アインシュタインをひどく悩ませた「不気味な遠隔作用」だ。

5

すでに説明したとおり、量子力学が相対性理論と組み合わされると、物事はますます途方もないことになる。量子力学系は常に変動していて、時にその程度が激しくなる。相対論的量子力学によれば、空っぽの空間でも空ではないのだ。本物の粒子を検出するためには量子力学的に短すぎる時間スケールでも、粒子と反粒子が出現したり消滅したりすることがある。どんな系の進化についても、かかる時間が短ければ短いほど起こりうる変動はより劇的になり、真空に見える場所に相対論的量子力学によって満ちている仮想粒子が持ちうるエネルギーと質量はより大きくなる。

この五つの特徴で、量子論がもつ奇妙な性質がほぼ表される。これらは、私たちの多くが当然と考えている、古典力学に支配された合理的な現実というものが幻想なのだと教えている。量子力学が原子中の物質の振る舞いと、それが放射線とどう相互作用するかを明らかにする学問として発展して以来、アインシュタイン以降の物理学者たちは量子力学で用いられる数学が世界の仕組みについての明らかに正確な予測をしているものの――実際、これまでに提唱された自然に関しての予測中で最も正確であるにもかかわらず――量子力学は完全な真実であるとするにはあまりにも奇妙だと主張しているのだ。

系が理にかなった振る舞いをする何らかの隠された現実が存在するはずだ。たとえば、ある性質を持つと観測された物体が、観測の前には間違いなくその性質を持っていた場合などだ。量子力学は新興の理論であり、正しい答えを与えるものの、根底にある真実を隠すのである。観測の前に結果の確率を予想することは、この根底にある真実について理解が不足していることを取り繕っているに過ぎない。

現実には、電子は一時にあらゆる方向にスピンすることはできないし、私の部屋の明かりから放出された光子が、私の目に見える前に月の周囲を2周するという確率はごくわずかにも存在しない。そして「シュレーディンガーの猫」も、たとえ確率が十分に小さかったとしても、容れ物の箱を開けて観察するまでは生きていてかつ死んでもいるというわけではないのだ。

量子力学がなかなか受け入れられず、理解されずにきた理由のある部分は、それが本質的に不規則性をはらんだものだという誤解や、量子力学の観測は微妙で複雑な問題であることを理解しないまま、量子力学系を観測する際に観測自体には古典力学系を用いて明らかに意味不明なことを生じさせるような間違った考えが広がっているためだ。そして残念ながら、荒唐無稽(むけい)な主張をする詐欺師やペテン師を、量子力学は生み出してしまった。物事を観測することは意識と何らかの関係があり、外界の現象は観測によって影響を受けるのだから意識によっても影響を受ける可能性があって、私たちは世界を自分たちが望むように振る舞わせることができるのだ、とでもいうように。

対象とする系が大規模になり、実際に観測が行なわれるようになるにつれ、量子論の奇妙さをどう古典力学的な意味でとらえるべきかを解明する試みに大きな進歩が見られた。同時に、量子力学のクレイジーさを実験的にも理論上でも回避しようとするあらゆる試みが行われたが、みな失敗に終わっている。

特に、未観測の系が実際には古典力学的な意味で振る舞う可能性はあり得ないと現在では証明されている。つまり、量子は観測で決定するのではなく初めから決まった値を持つのであって、多くの異なる状態の重ね合わせにはなっていないのだ。

物理学者も困惑する量子力学の世界

これを最も分かりやすいかたちで実証したのは、物理学者の故ジョン・ベルだという意見が多い。ベルはこうした問題を深く考察し、何らかの隠れた古典力学理論が量子力学と一致する可能性を前提とした実験的なテストの実施を呼びかけた。多くの有力な実験物理学者たちが、ベルの提唱した実験に取り組み、量子力学の予想が正しく、量子の状態が古典力学で決定される可能性を否定した（この成果に対して2022年のノーベル物理学賞が贈られている）。

私が知っている中で最もすぐれたこの実証の結果は、ベルの理論に巧みに修正を加えたもので、まず物理学者のダニエル・グリーンバーガー、マイケル・ホーン、アブナー・シモニーが行ない、デヴィッド・マーミンが改良し、さらに私の知る物理学者中でも有数の賢さと機知の持ち主でハーバード大学での同僚だった故シドニー・コールマンがのちに再構成したものだ。コールマンの「量子力学と向き合う（Quantum Mechanics in Your Face）」と題した講演はオンラインで視聴できる。この講演を完全に理解するにはある程度の物理学の知識が必要だが、マーティン・グライターがこの講演を文字起こしした論文は、オンラインの物理学アーカイブ arXiv.org で公開されている。

コールマンが説明に用いた例はシンプルで説得力のあるものだ。ある中央研究機関が遠く離れた三つの実験施設に何かを送信し、それぞれの実験施設がそれを同時に受信する。ある実験施設での観測結果は他の施設での観測結果に古典物理学的な影響をまったく与えないと想像してみてほしい。

各施設（それぞれ施設1、2、3として識別される）は同じ検出器を備えていて、検出器には「A」と「B」の二つの設定がある。Aに設定して何かを観測すると「+1」または「-1」の結果が記録される。Bに設定して別の何かを観測すると、同様に「+1」または「-1」のどちらかが記録される。実験の観測者たちは、検出器が具体的に何を観測しているのか知らず、どんなものが送信されてくるのかも知らない。前の段落で説明した条件が示しているのは、古典力学ではある観測者が観測する対象がAまたはBのどちらの設定であったとしても、その結果は他の観測者の観測した結果の影響を受けないということだ。

また、古典力学的に考えると、この実験の観測者たちは設定Bで観測したとしても、設定Aで観測することを選択した場合とで結果はまったく同じ価値を持っていると想定できる。

観測者たちは多くの観測を実施してから一堂に会し、ある観測者がAを観測するたびに他の二人の観測者はBを観測し、観測結果の積が常に+1であることを発見する。毎回そうなるのだ。個々の観測値が常に+1になるとは限らないが、三つの観測値の積は常に+1となる。ここで、Bそのものの観測値が+1か-1かにかかわらずB×Bは常に+1となるため、こうした場合（実験者がランダムにかつ独立してAまたはBを観測すると仮定すると、全体の約8分の3）にはAは常に+1でなければならない、と実験者は古典力学的な推論によって結論付ける。観測者たちはその次に、観測したのがA一つとB二つではなかった場合について検討する。観測結果は独立しており互いに影響し合うことはないため、今度も古典力学的な観点から、もしAを一つ観測したなら結果の積は+1だったはずで、その特定のAの値もまた+1だったはずだと推論する。Aが施設1、2、3のどこで観測されたかによって結果が変わることはないから、三つの検出器すべてがAを対象に観測した場合、答えは+1になるはずだと彼らは結論付けた。

　だがここで、中央研究機関が送信していたのは三つのスピン1/2粒子で、各実験施設の検出器に一つずつ送っていたのだとしよう。そして、最初は三つの粒子が特定の量子状態で同一の場所にあり、その粒子すべてが上向きのスピンを持っている状態から、三つの粒子すべてが下向きのスピンを持っている状態を差し引いた線形の重ね合わせ状態にあったとしよう。最後に、Aは粒子のx方向のスピンを観測した値、Bは粒子のy方向のスピンを観測した値だと仮定する。量子力学では、A_1、A_2、A_3の積が常に-1になる（これを説明するために必要な数学はそれほど複雑ではない。詳細に興味があればコールマンの研究を参照してほしい）。

　古典力学的な現実と量子力学的な現実がこれ以上かけ離れている状況はまず見つからない。実験で得られる積は+1か-1のいずれかであり、実験結果は推測できる。観測者が犯している古典力学的な間違いは、各粒子が別の場所に遠く離れて存在する粒子からは独立していて、どのような観測を行なうかあるいは行なわないかと無関係に、まちがいなく特定の状態にあるという客観的な現実を仮定していることだ。

　量子論によって予想されるこの訳のわからない結果を観測すると、古典力学的な考え方にこだわる実験者たちは、それぞれの実験は光速よりも速い何らかの通信手段によって結びついていて、ある実験施設での観測結果が他の施設での結果に影響を与えたに違いないと言うかもしれない。だがそれは古典力学的に考えている場合にのみ当てはまる。量子力学的には、超光速の通信は必要ない。初期状態が特定されると、最終結果も決定するのだから。

これはコールマンが提起した意味論的な問題で、現在も多くの物理学者や哲学者によって続けられている量子力学を理解するための方法だ。一般の人々の間では「量子力学の解釈」が語られ、それについて本を書く人もいる。だがコールマンが強調したとおり、それは事態を後退させている。世界は古典力学的ではないため、どんな古典力学的な解釈もその場しのぎの方法であって、系が量子力学的に実際にどう振る舞うのかを、奇妙な古典力学的な振る舞いと仮定して近似的に置き換える行為なのだ。当時コールマンが主張したとおり、量子力学の解釈ではなく、むしろ古典力学の解釈について語るべきだ。

量子力学は古典力学を包含しそれに取って代わるものだ。量子効果が消滅する限界状況では古典力学と同じ結果をもたらすが、それは重力場が弱いときに一般相対性理論がニュートン理論の重力に還元されるのとまったく同様である。しかし、強く湾曲した空間での物体の振る舞いに関する一般相対論的な予測が、ニュートン力学の平面的な空間理論によってうまく記述できるとは誰も考えていない。なのに量子力学に対しては古典力学的な記述に人々がこだわるのはなぜだろうか？　おそらく、一般相対性理論は私たちの直感的な理解には反しているけれど、古典力学的な論理や推論には反しないからだろう。だが量子力学は古典力学的な論理や推論に反しており、それは物理学者にも許しがたい侮辱と映るようだ。

世界を支配しているのは量子力学なのか

ベルが提唱した理論をコールマン、マーミン、グリーンバーガー、ホーン、シモニーが発展させたことでこの問題に決着がついたのだとあなたは考えるかもしれない。好むと好まざるとにかかわらず、世界の成り立ちは量子力学的だからだ。だが、まだ決着はしていない。有力な物理学者たちでも、量子論が描く世界のあり方は単なる幻想ではないかといまだに疑念を持っているし、そればかりか世界有数の偉大な理論物理学者の中にも疑問視する人はいる。標準理論を共同で提唱したヘーラルト・トホーフトとスティーブン・ワインバーグは、量子力学に代わる考え方を探究してきた。ワインバーグはいくつかの代替理論を探究したがどれもうまくいかず、最終的にやめてしまった。だがトホーフトは別の理論を見つけられると確信しており、実際に有望な業績を挙げている。

したがって、物質世界における未解明の最後の謎であり、おそらくすべての謎の中で最も深遠なものは、この世界を最も根本的なレベルで支配しているのは量子力学なのだろうか、という疑問だ。それについての答えは最終的に、本書の前半で説明した未解決の謎にも影響してくる。量子重力理論を発見しようとするのは間違った努力なのだろうか？　一般相対性理論ではなく、むしろ量子力学が学説として脇に追いやられるべきなのかもしれない。

最も微小なスケールの世界に働くより根本的な力学が発見され、量子力学がそれに包含されたら、ブラックホールの崩壊の最終段階、ブラックホールの蒸発、ビッグバンの明確な特異点、および宇宙の量子的な創造という主題のすべてについて、劇的な変更が必要になる。

私は著書『宇宙が始まる前には何があったのか？』の中で、宇宙が無の状態から量子論的に創造されることはありえるし、そのような宇宙の性質は、もしそれが１３８億年続いたならば、私たちが住む宇宙の性質に必然的に似てくるはずだと述べた。だが私は同書で（それほど深く理解した批評家はほとんどいないようだけれど）、空間も時間もなく、粒子も放射線もないというだけでは、完全に無の状態ではないかもしれないと認めた。物理法則はどうだろうか？　それは私たちの宇宙に先行して存在したのだろうか？（もう一度強調するが、これは無意味な問いだ。時間が存在しないなら、「以前」も「先行」も意味を持たないのだから）

インフレーション理論や多元宇宙論に関する重要な点は、私たちが現在観測している物理法則のほとんどは私たちのいる宇宙の環境に依存している可能性があるということだ。つまり、物理法則は宇宙ごとに異なり、真の根本的な重要性を持たないかもしれないのだ。したがって、標準理論や素粒子の三つのファミリーその他、あらゆるものが単なる幸運な偶然の結果だという可能性もある。

だがそうしたすべての概念は、少なくとも数学的には、量子力学を基礎とした量子的現実の文脈においてのみ意味を持つ。私は『宇宙が始まる前には何があったのか？』の中で、私たちの宇宙が誕生したときに量子力学も誕生したのではないかと推論したが、正直なところそれが何を意味するのか当時も今もよくわからないし、少なくともそうした可能性は数学的に定式化できるものではない。

幸いなことに、人間が理解できることや現時点で定義可能なことが何なのかを自然が気に留めることはない。現実は現実であり、私たちにとっての量子論的現実がいかに驚異的で訳のわからないものであったとしても、それが私たちの宇宙の真の仕組みであると――そして、おそらくすべての宇宙にとっての真の仕組みでもあると――ほとんどすべての物理学者が信じているとしても、私たちには本当にわからないのだと認めざるを得ない。それでも、私たちが自信を持って言えるのは、これまでの章で説明してきたとおり、自然の想像力は人間の想像力をはるかに超えるものであり、私たちが探究を続け、実験によって理解を深めていかない限り、未解明の謎が解かれることは永遠にないということだ。

4 生命

LIFE

- 生命とは何か
- 生命はどのようにして誕生したのか
- DNAの生命は独特なものなのか
- 人類は孤独なのか
- 生命の未来はどうなるのだろうか

すべての答えは出ている。どう生きるかということを除いて。

ジャン＝ポール・サルトル

人生には恐れるべきものは何もない。理解しさえすればいいのだ。より多くのことを理解すれば、恐れるものが少なくなる。

マリー・キュリー

人生とは、自然に起こる変化の連続だ。変化に抗（あらが）ってはならない。それは悲しみを生むだけだ。現実は現実として受け止めよう。どのようなかたちであれ、物事の自然な流れに任せるのだ。

老子

真実は、明日何が起きるのかわからないということだ。人生はクレイジーな旅であり、何も保証されてはいない。

エミネム

1時間を無駄にして平気な人間は、人生の価値を理解していない。

チャールズ・ダーウィン

生命とは

生命が存在しなかった宇宙に、どうやって生命が誕生したのか？　この問いは戦争の原因となり、芸術家や画家、作家、そしてもちろん科学者の想像力を刺激してきた。

物理的に観察可能な他のどんなものよりも、生命は奇跡に近いものに思える。多くの人びとにとって、おそらく今日世界で生きているほとんどの人にとって、それは今でも奇跡なのだ。それでも、科学の根幹にあるのは、自然の現象には自然の原因があるという前提だ。生命が物理法則に従うことを受け入れるなら、生命を神聖な現象としてではなく世俗的な現象ととらえ直す必要に迫られる。あるいは、少なくとも自然な現象としてとらえなければならない。

宇宙における未解明の謎に取り組もうとするとき、ほとんどの人にとって最も畏敬の念を抱かせる自然界の二つの謎、「生命」と「意識」を取り上げなければ、本書の内容はひどく不完全なものになる。なので、本書の最後の2章はこれらがテーマだ。

生命と意識は通常どちらも生物学で扱う対象だが、自然は19世紀の学問分類に従って区分されているわけではない。生物学の法則は化学の法則によって決定され、化学の法則は物理学の法則によって決定される。生命についての根本的な理解には、最終的にこうした諸法則の作用も反映することになる。

この事実は20世紀の傑出した物理学者たちに、生命の本質と起源、そして宇宙に生命現象が豊富に存在する可能性について深く考えるきっかけとなった。量子力学の父の一人であるエルヴィン・シュレーディンガーは１９４４年、『What is Life?』（邦訳『生命とは何か　物理的にみた生細胞』岩波書店）という影響力のある本を書き、それを読んだ鳥類学者志望の若い学生に遺伝学に目を向けさせた。その学生、ジェームズ・ワトソンは後に、生命の遺伝暗号の基礎であるＤＮＡの二重らせん構造を発見した（ワトソンと共同研究したフランシス・クリックは物理学者としての教育を受けていた）。

そしてシュレーディンガー自身も、物理学者のマックス・デルブリュックから影響を受けている。デルブリュックは、物理学の基礎的な相互作用について独創的な研究を行なった後、遺伝学に関心を持つようになった人物だ。シュレーディンガーは、分子遺伝学に関する１９３５年のデルブリュックの研究にとりわけ強い感銘を受けた。デルブリュックのノーベル生理学・医学賞受賞理由となった細菌とウイルスに関する研究は、デルブリュックがまだ物理学の教職に就いているときに行なわれたものだった。彼が生物学の教授になったのは１９４７年のことだ。

21世紀中には、生命の本質と起源についての根本的な謎に取り組むために必要なツールが再び物理学から、さらに言えば天体物理学から生まれる可能性がある。生命問題の探究は重要性と根源性が高すぎ、科学の一分野には到底収まりきらない。

まず、シュレーディンガーのこの問いについて考えてみよう。

生命とは何か？

何かが生きているかどうかは明らかに見分けられるし簡単なことのように思えるが、よくよく考えてみると「生命」を定義するのは非常に難しい作業だとわかってくる。結局のところ、わいせつ文書の定義について争われた裁判で、スチュワート判事が「ポルノを法で定義するのは難しい。しかし、見ればわかる」と述べたように、何が生き物かは「見ればわかる」と人は単に言いたくなるようだ。

たとえば、次のような定義が考えられる。

「生命体とは、種の特性を維持しながら繁殖し、周囲の環境からエネルギーを得て、そのエネルギーを成長と繁殖のために蓄え消費する内部代謝を持つものである」

そうだとすれば、火は生きているのだろうか？

火はこうした条件をすべて満たしている。森林火災は環境からエネルギーを引き出す。燃え広がり、火の性質や可燃物の有無に応じて、ある程度その特性を維持しながら繁殖していく。代謝も確かにあって、エネルギーを消費して成長し繁殖する。

だが、火が生きていると考える人は誰もいないだろうから、これだと充分ではない。ウィキペディアには、生物の定義に関してこんなふうに書かれている。

「有機体、または個々の生命の主体は、**恒常性**（ホメオスタシス）**を維持し、細胞で構成され、ライフサイクルを持ち、代謝があり、成長し、環境に適応し、刺激に反応し、繁殖し進化する開放系であると一般に考えられている。**」

この定義は間違いなくより完全であり、生物についてもっと厳密に包含している。ホメオスタシスとは生物体が体内環境を一定範囲に保つ必要性を意味するもので、１８４９年にフランスの生理学者クロード・ベルナールが初めて提唱した。ホメオスタシスという語は、ウォルター・ブラッドフォード・キャノンがこの生物学的必要性を説明する用語として１９２０年に作ったものだ。

ホメオスタシスの要件によって火は生物の定義から除外されるだろう。火には一種の静的な平衡状態を維持するための自律的な調整機能がないからだ。それでも、生命、少なくとも呼吸している生命を制御された燃焼として考えるのは非常に合理的だ。地球の驚くべき側面の一つは、この星が生まれた初期の頃には遊離した酸素が存在しなかったということだ。これは幸運で、ほとんどの火が燃焼するためには酸素が必要であるのと同様に、酸化のプロセスではエネルギーが放出されるからだ。もし原始時代の大気中に酸素が存在していたなら、生命の原料の多くは急速に酸化し、現在地球上に栄えている生命が誕生し、進化し、成長するために必要だった貴重な貯蔵エネルギーは放出されてしまっていただろう。

生命は酸化と火の中間的な存在だ。そしてそのどちらとも異なり、ホメオスタシスを維持するためのエネルギー摂取を適度に制御する。生命にとって、生存、そして最終的には繁殖のために、ホメオスタシスが非常に重要だからだ。

だが繁殖に関して言えば、これは必要だろうか？　この数年間、私たちの生活のすべてを支配してきたSARS-CoV-2（新型コロナウイルス）のようなウイルスはどうだろう？　コロナのようなウイルスは自力で繁殖できず、そうするには他の生きた細胞の遺伝子機構を乗っ取る必要がある。

ウイルスは先に示した定義にいう、生きているための要件をすべて満たしているわけではないが、間違いなく生きているように私には見える。ウイルスは他の生物に依存しなくてはならないので、その遺伝子には、他の生命体内部で繁殖するための複雑な生化学的機構が組み込まれている。さらにいえば、無生物から身を守るためにマスクを着用したりワクチンを接種したりしなければならないと考えるのは私には気が進まない。それもあって、ウイルスは生きているのも同然だと私は言うことにする。まあ、私は冥王星（めいおうせい）が惑星だとも言っているが……。

生きているかどうかはともかく、ウイルスが生命を現在あるかたちへと進化させるのを助けた可能性は大いにある。宿主に悪影響を与えない一部のウイルスは「共生生物」と考えていいだろう。その生化学的機構は最終的により複雑な細胞へと取り込まれ、生命システムが持つ能力を拡張させるかもしれない。

そうした統合のおそらく最も有名なものはミトコンドリアだ。それは現代の生細胞中にあって呼吸する際に酸素の取り込みと処理を制御している部分である。リン・マーギュリスらによって最初に提唱されたとおり、ミトコンドリアは他の細胞に同化してエネルギーを処理する能力を強化した、自律的な生物である可能性が非常に高い（呼吸による電子の処理からは、光合成による場合と比較して35倍以上のエネルギーが放出される）。

これは、スタートレックのファンにとってみれば、ボーグ〔高度な科学力を有し、惑星連邦に敵対している機械生命体種族〕が集合体として行なう、高度な「同化」のプロセスに似ている。ボーグは他の文明を征服し、征服された文明の最も優れた特徴を自分たちの生体や技術に適応させて利用する高度な文明だ。ミトコンドリアを飲み込んだ最初の真核細胞には、ボーグの決めゼリフのように「抵抗は無意味だ」と言う能力はなかったが、おそらくそのとおりになっていたのだろう。

定義することは有用だが、科学の核心ではない（残念ながら、小学校の理科の授業はそうした印象を与えることがあまりにも多いのだが）。科学とはプロセスのことであり、力学を理解することであるという点に、これから焦点を当てたい。地球上の多様な生命の進化を研究することは、それ自体の謎も関係する豊かで刺激的な分野だが、主要な疑問はそこにはなく、未解決の大きな課題が残っている。

最初の生命はどのように始まったのか？

生命は地球だけにしかないのか？
すべての生命は地球上の生命と同じなのか？
この章で私が議論したいのはこうした疑問である。

生命の起源となった前駆物とは

生命の起源について真剣に思いを巡らせたときに最初に感じるのは、現在目にする最も単純な形態の生命でさえ、信じられないくらい複雑な生化学機械だということだ。生命が存在しない世界から存在する世界へと一足飛びに移行することが不可能なのは明らかだ。

生命が自然発生的に生まれた可能性を受け入れず超自然的な説明を求める一部の人びとは、この複雑さは自然のメカニズムが生命を出現させる証拠としては不十分と主張している。彼らは神学者ウィリアム・ペイリーらが提唱した内容をもっと現代的にした例を用いて、ＲＮＡやＤＮＡが自然に進化したという主張は、廃品置き場を大竜巻が襲い、過ぎ去った跡に完全なボーイング７４７型機が残されることを期待するようなものだ、と指摘する。

この考え方を採用すると問題が生じる。生命が、進化と同様に、完全にランダムなプロセスから生まれない可能性が高くなるのだ。化学の法則は、エントロピー（閉じた系がより無秩序になる傾向）とエンタルピー（ある温度で系が動作できるようにするための蓄積エネルギー）という物理学的概念の間の微妙な相互作用に依存しており、化学反応がどのように発生するかは外部の条件に左右される。

そのいい例が、シュレーディンガーが『生命とは何か』の中で論じている単純な拡散プロセスだ。一見ランダムなプロセスでも、局所的には一定の方向性が生じる。水に落ちたインクのしずくは外側に広がり、液体全体を均一に着色する。その逆は決して起こらない。

たとえば、特定の外的条件下では、基本的な非生物態有機物はより複雑な分子へと発達することによって、熱力学的にも化学的にも有利になることがわかっており、これは私たちが通常経験する条件下で予想されることと逆である。

このことは、とりわけ聖書を厳密に解釈する者たちから頻繁に提起されてきた主張に立ち返らせる。それは、地球上における生命の自然進化説に対する異議申し立てだ。シュレーディンガーでさえ、著書の中でこの問題について直接述べる必要性を感じていたほどだ。熱力学の第2法則は、秩序は必然的に無秩序に向かうと規定しているように思えるが、生命というのは無秩序から秩序が生じる例なのだ。この点を一種の「突破口」にして、生命の起源には超自然的な力の介在が必要だという主張を広く認めさせたいと考える人たちからのメールを、私は定期的に受け取る。

熱力学の第2法則は実際にはそうしたことは何も述べていない。閉じた系、つまり熱やエネルギーを周囲と交換しない系であるなら、充分に大きなサイズの系のエントロピー（または無秩序）は時間が経っても減少しない、としているのだ。エントロピーは、「断熱」と呼ばれるプロセスによって一定に保たれることもあれば、増加することもある。だが「開放系」、すなわち熱やエネルギー、場合によっては粒子も周囲と交換する系については、すべてが当てはまらない。こうした系では、周囲の環境を犠牲にして内部の秩序を増大させることがあり、たいていの場合は周囲の熱量の増大によって内部秩序の増大もまた明らかになる。

もちろん、これはまさに生命で起こっていることであり、生命は周囲の環境からエネルギーを取り込むことで存続している。その見返りとして、生命は熱やその他の老廃物を環境へと戻す。人間一人ひとりは、休息時には出力80ワットのヒーターに相当する。集団が発揮するこの効果を確認したければ、混雑した映画館を訪れてみよう。到着してすぐは寒いと感じるかもしれない。上映後に他の観客と映画館を出るときには寒くなくなっているはずだ。

この種の局所的な秩序増加は生命特有のものではなく、実際にはあらゆるところで見られるものなので、生命について議論するときに人びとがそれを考慮していないのは驚きだ。私は冬のカナダでこの原稿を書いているのだが、最もわかりやすい例を一つ挙げるとそれは雪の結晶だ。

虫めがねや顕微鏡で見てみるとわかるが、雪の結晶は自然の隠れた秩序が美しく表現されたものだ。それは驚くべき対称の造形で、急速な冷却下において双極子［微小な距離を隔てて存在する、正負等量の電荷の対］である水分子の単純な電磁相互作用によって作り出される。結晶はまるでクリスマスの飾りのようで、原理をよく知らないなら熟練した芸術家が丹念にデザインしたものだと思うだろう。だが雪の結晶は、気温が急速に低下する中で氷の組成が最小のエネルギー状態に戻り、その過程で周囲に熱を放出するという自然のプロセスによって形成される。

しかし、そのことについて理解するために雪が降るのを待つ必要はない。晴れた日に空を見上げてみよう。太陽は光り輝く美しい球体だ。膨大な量の熱を宇宙に放出しているおかげで、50億年ものあいだ自らの重力に押しつぶされることなく耐え、中心部では混沌（こんとん）とした激しい核融合反応が続いているにもかかわらず、均整の取れた球形を維持できている。それによって生命に恒常的なエネルギー源を提供しているのだ。このエネルギーは、ともすれば世界全体が無秩序へ向かおうとする傾向を、生命が独自に回避できるようにするために役だっている。

起原となった前駆物を探る

生命が非生命体から進化したことはどんな物理法則にも反していないものの、依然として大きな課題が残っている。先に書いたことを再度取り上げると、これまでに発見された最も単純な形態の生命でさえ、信じられないくらい複雑だ。こうした複雑な系が現在の形態で自然発生的に出現したとは考えられない。生命の起源の前駆物となったなにかが存在したはずなのだ。

生命の起源について探る課題にどう対処するかは、生命が進化するための基礎としてどんな前駆物が必要だと考えるかによって決まる。

覚えていると思うが、ギリシャ人は万物の根源を空気、土、火、水の四つの物質だと考えた。何世紀にもわたって、これらのうちどれが本当に根源的なものか、つまり他のものの基礎であるのかについての議論が続いた。その議論はまるでジャンケンのようだった。どれか一つが提案されるたびに、なぜそれよりも他の物質が根源的なのかについてしっかりした論拠が示されたのだ。

生命の起源を研究する学者たちの間でも同様の議論が続いた。地球上で観察される生命には、以下の四つの重要な要素が関係している。

・種を忠実に後代へつなぐことを可能にする情報分子とゲノム
・代謝機構の構成要素で、代表的なものは生命体がエネルギーを貯蔵し利用できるようにする「ＡＴＰ」という分子
・生物学的反応の進行を可能にするタンパク質の触媒

・生物の体の仕組みを環境から隔離する生体構造と膜

この四つはいずれも根源的なものだと考えるのが理にかなっており、さまざまな研究グループがさまざまな選択肢を検討してきた。だが同時に、それらはすべて相互に関連しているため、他のものを考慮に入れないまま、どれか一つの要素について有用性を検討するのは困難だ。

この相互関係は、ケンブリッジ大学のジョン・サザーランドと彼の同僚が先陣を切って取り組んできた。ダーウィンの進化論に反対する「インテリジェント・デザイン」説［キリスト教創造説を現代風にした反進化論］の擁護者たちによって広められてきた多くの誤解の一つは、さまざまな生物学的要素は時を経ても不変のままである、というものだ。

「鞭毛(べんもう)」と呼ばれる細菌の器官は、基本的に細菌が動くための小さなモーターだが、高校の理科の授業でインテリジェント・デザイン説を教えるよう主張する人びと（この説を掲載した教科書の使用が争われたキッツミラー対ドーバー学区裁判で被告を支援した人びとを含む）は、それが非常に複雑に見えることから、何らかの知性ある存在によってデザインされているに違いない、つまり、自然淘(とう)汰(た)によって進化したものではありえないと主張した。

だが生物学者たちは、鞭毛の主要部分は異なる機能を持った初期の生物にも存在しており、鞭毛は現在の形態へと一度に進化したのではなく、異なる機能のためにさまざまな形質を選択しながら、中間的な形態を段階的に経て進化してきたことを明らかにした。同様の議論は目と視覚システムにも当てはまるが、これは自然淘汰の仕組みがどのように作用するとこうした精巧な器官が生まれるのかについて、また別の混乱の原因となってきた。

同様に、生命の起源の前駆物とその化学について考えてみると、生物のこうした四つの構成要素や前駆物が、それぞれ独立して発生する必要があったと考えるのは、間違っている可能性がある。四つの異なる構成要素が同時に発達するために不可欠なものとして、途中でさまざまな形質を放棄していった中間的な形態が、おそらくそれぞれの時点では異なる機能を持ちながら存在していたのかもしれないのだ。

異なる構成要素間の相互関係は、ある一つの前駆物を探す作業を複雑にしてしまうように当初は思われたのだが、実際には異なる構成要素間に共通の中間体があることを示すものだった。たとえば、RNAを生成する生物学的な機械はタンパク質でできているが、タンパク質を作る生物学的な機械はRNAでできている。同様に、主として脂質という物質でできている膜も、代謝にとって不可欠なタンパク質で作られている。そして、代謝はRNAとタンパク質によってコントロールされている。

実際、生命系と火との違いの一つは、生命は反応を止めることができるため持続可能であるという点だ。生命は「ゆっくり燃える」のであって、ただ燃えるのではない。生命系を司（つかさど）る反応が自然にかつ容易に起こり、タンパク質の触媒反応も必要としないのなら、その反応を止めることは不可能だ。反応は制御不能となり、火と同じように、やがて利用可能な燃料をすべて燃やし尽くしてしまうだろう。

この事実には、ほとんどの生物学的プロセスはタンパク質の触媒反応を必要とするが、触媒反応に必要なタンパク質は生物学的プロセスによって合成されるという「卵が先か鶏が先か」のジレンマがある。生命を構成する諸要素が、生命の起源以前に初期の地球上で容易に合成されていたのかを知るのは容易ではない。

　これについては大きな進歩があり、過去10年くらいの間に、思いがけないひらめきの数々がこの分野を前進させてきた。極限的な条件や異常な条件下では、好ましくない反応が好まれるようになり、起こりそうもない反応が自然に起こることがある。

　たとえばサザーランドの研究グループは、隕石（いんせき）の衝突が起こった可能性があり、かつ十分な紫外線がある極端な条件下では、異質な化学反応によってよく似た中間体からでも非常に異なる生体分子が生成されることを発見した。サザーランドらはまた、原始の川や湖の毒性のある溶液が岩石の上を流れてからどのように混ざり合い、肥沃（ひよく）な有機物の構成要素を生み出したのかを解明している。そして、最も重要な生物学的代謝サイクルの一つで、エネルギーを豊富に持つＡＴＰ分子を生成する「クレブス回路」に必要な構成要素の多くを生成するのに、紫外線がどう役立つのかを研究した。最後に、サザーランドらは、生命誕生以前の原始的な物質合成プロセスでも、酵素の働きによって同じ最終生成物を生み出すようになる可能性を見出した。これは、生物の初期段階を表すものだ。

　この研究は、極限環境が、高度で、複雑で、かつ直感では理解が難しい有機化学によって生命の起源にどのように重要な役割を果たしたかを示している。研究はまた、生命が誕生する以前に存在していた多様な物質と条件に焦点を当てた。それによって、少なくとも生命の複数の構成要素が非生命物質から生まれたことを示す行程表の作成は可能だと明らかにされた。

　ある意味で現代のこの研究は、１９５２年にミラーとユーリーが行なった独創的な実験がより洗練され、深く考えられるようになったバージョンだと感じさせる。ミラーとユーリーの実験では、水、アンモニア、メタン、水素が混じり合ったガスに、雷が落ちた想定で火花を当てたところ、豊かな有機混合物が生成された。生成物には、タンパク質の主要構成要素であるアミノ酸も多く含まれていた。なお、水、アンモニア、メタン、水素はその当時、初期の地球を覆っていた大気の一部と考えられていたものだ。

現在では、地球初期の大気はこのような組成とは異なるものだったと考えられているが、ミラーたちの実験は、複雑な生命前駆物質が驚くべき化学反応の数々をもたらす可能性があると認識させるきっかけとなった。前駆物質は、生命誕生に適した環境に存在していた可能性があるので、それらが非常に興味深い生成物を生んだことになる。

アミノ酸分子が左利きなワケ

ジャック・ショスタクが強調したとおり、自然の摂理に任せて研究を進めれば、これまでの常識を覆すような、数多くの驚くべき化学的発見が可能になる。ショスタクは染色体の末端を守り、遺伝情報をうまくコピーするための「テロメア」構造を解明した功績により2009年のノーベル生理学・医学賞を受賞した遺伝学者で、ここ10年くらい生命の起源の問題に研究の焦点を移している。

たとえば、生物学における大きな謎の一つ（これもまた、意図的なデザインなしで生命は存在しえないとインテリジェント・デザイン説の熱心な支持者たちが主張する根拠にしたものだ）は、アミノ酸などの多くの生体分子には利き手があるという事実であり、通常なら右利きあるいは左利きのどちらかであるところ、生命には「片手利き」だけしかない、というものだ。生体分子は一般的に左利きだ。左利き分子も右利き分子も区別できない環境で、どうやってこのようなことが起こるのだろうか？

これは、宇宙における物質と反物質の非対称性の謎にどことなく似た内容だが、実験での確認ははるかに容易で、また考えられる解答もずっと常識に近いものだ。

直感的な理解には反しているが、異なるキラリティー（利き手）と等間隔のサイズ分布を持つ結晶から始めてみると、あるキラリティーを持つ小さな結晶は、左利きと右利きの分子数が等しい溶液に特によく溶けることがわかった。その結果、もう一つのキラリティーの結晶は、溶解していない大きな結晶に優先的に付着できる。その後、時間をかけながらこのプロセスを繰り返して結晶を粉砕すると、当初はラセミ混合物（左利き成分と右利き成分が均等に含まれる混合物）だったものが、一つのキラリティーで占められた固体状態へと自然に変化した。

このプロセスはあまりにも予想外だったので、同じ結果が何度も再現されるまで人びとは信じなかった。これまでの経験で、左利きと右利きのアミノ酸の存在量に大きな不均等性がある隕石がいくつも見つかっていることから、宇宙でもこうしたプロセスはある時点で起こったに違いない（アミノ酸が隕石中に豊富に含まれていることが発見されているのだから、ミラーとユーリーの想定した「大気」は必要なく、非生物学的プロセスによってアミノ酸が生成されることは明らかであることを、もう少し早く付記すべきだったかもしれない）。これは、なぜ地球上の生命が左利きのアミノ酸だけを利用するのかという疑問にはっきりと答えるものではないが、初期の生命の前駆体が、ラセミ混合物的ではない環境でどのように発生したのかを示している。

もう一つの驚くべき例は寒冷な環境で起こるものだ。以前から、化学反応を早く進行させるために試料を加熱することが行なわれてきた。ただし、化学反応によって長いポリマー［有機化合物の分子が多数結合した合成高分子］を形成できる「ヌクレオチド」の場合、溶液中では反応が起きないことがある。ヌクレオチドとは、ＤＮＡなど核酸ベースのポリマーを構成する基本要素だ。だが、試料が凍っている場合には、しばらくするとポリマーが形成される。これはまったく直感に反している。

しかし、溶液が凍ると純水の部分が複数形成され、その部分との境界にヌクレオチド不純物の濃度が高い領域が存在することがわかっている。高濃度になると物質同士が緊密に押しつけ合うことになるため、そうでない状態では起こらない反応が発生する可能性がある。この驚くべき結果がさらに興味深いのは、これが初期の地球や宇宙の環境にも関係があると考えられることだ。

ショスタクと彼の同僚たちは、それと同様に人間の直感に反するような環境に研究の焦点を当ててきた。化学力学の作用で、個々のリボヌクレオチド〔RNAを構成するヌクレオチド〕が熱力学的に結合してRNAのような長い分子を形成する環境だ。そこでは、ヌクレオチドが初期の核酸の「鋳型」に連結しながら、分子に対して一度の反応で一つずつ追加される（サザーランドの研究室では、そもそもリボヌクレオチドがどうやって合成されるかに焦点を当てている）。

その詳細はとても複雑で、ここに記載してもおそらく読者の参考にはならないだろう。重要なのは、異質な環境下でのこうした思いがけない化学的プロセスはすべて、生命と呼ばれるものの始まりにおいて物質の自然な生成過程であるということだ。40年前は、そうした可能性は現実味がないと考えられていた。生命の起源の詳細はまだ依然として科学にとっての大きな謎の一つだが、小さな進歩を積み重ねてきたことで――過去50年間に定期的な大きな飛躍も経験して――今後数十年のうちにこの謎が解明されるかもしれないと考えるのもあながち過度な期待ではない。

もちろん、やるべきことはまだたくさんあり、それは私にシドニー・ハリスのこんな漫画を思い起こさせる――長大な方程式が記述された黒板の中央に「そして奇跡が起こる」と書かれており、それを二人の科学者が見つめていて、一方の科学者がもう一人に「ここはもっと明確に示すべきだ」と言っている、というものだ。確かにまだ生命の詳細についてはわかっていないが、そのために奇跡が必要だとはもう思えない。

サザーランドとショスタクがなぜRNAに注目しているのか不思議に思うかもしれない。その理由は、ある驚異的な発見の一つにある。生命の起源の謎が実は化学で解き明かせる可能性を初めて示唆した、というものだ。あまりにも傑出したものだったので、その発見はノーベル賞を受賞している［染色体が保護される仕組みを発見した貢献により、2009年にエリザベス・ブラックバーン、キャロル・グライダー、ジャック・ショスタクが受賞］。

生命の起源についてのこの独創的な展開は、1970年代にシドニー・アルトマンとトーマス・チェックがそれぞれ独自に研究していたときに起こった。RNA（DNAの遺伝暗号を、アミノ酸からタンパク質を生成するためのレシピとして書き出す分子であり、タンパク質は生命系の化学反応を進行させるための触媒となる）もまた化学反応の触媒となる酵素であることを同時期に発見したのだ。

これまで述べてきたように、生命の原動力となる化学反応のほとんどは、生物学的反応の進行、制御、停止という処理のためにこうした酵素の触媒を必要とする。生命の起源の研究者たちが初期に直面した「卵が先か鶏が先か」問題の一つは、DNAがRNAに対して生命系内に作ることを指示するタンパク質酵素なしで、RNAやさらにはDNAのような巨大な分子をどうやって合成するのかということだった。RNAは遺伝情報を伝達するだけでなく、化学反応の媒介にもなれるということが認識されると、かつて「RNAの世界」が存在していたのではないかと考えられるようになった。

つまり、現在は生物学的に合成されたタンパク質とDNAによって占められているこの世界が、以前はRNA主体だった可能性があるのだ。もしRNAが生物出現以前の自然界における化学反応から生まれたのなら、生殖のための「遺伝的基盤」と、代謝のための「触媒メカニズム」の両方を提供するかもしれない。この二つは、初期の生命が最終的にDNAベースの生命へと進化するのにどちらも必要だ。

このように、地球上の生命の起源の謎はいまだに答えが得られていない。人類にとって最も古く、かつ最も深い疑問の一つであり、私たち自身の存在に関わる最も深遠な科学的疑問であるにもかかわらず、だ。それでも、生命に科学的な答えを出すことは可能であり、実験的にも理論的にもその探究が可能であることを示すめざましい進歩があった。その概要は以下のとおりだ。

1　生物学的代謝が存在しなくても新種の化学によって、複雑な生体分子を作りだせる、熱力学的に有利な環境の存在が示されている。

2　アミノ酸、シアン化物その他の重要な分子を含む、生命の基本的な有機的構成要素の多くが隕石や彗星（すいせい）など生物出現以前の系で発見されていることから、それらは生物出現以前の地球にも存在していたと考えられる。

3　RNAが遺伝的機能と触媒機能を持つという事実は、どちらの機能を維持するにも必要となる重要な化学反応を誘発し、遺伝子を複製するプロセスがあった可能性を強く示している。これは、RNAが生物の誕生以前から存在しており、また、独自の代謝を持つ生命系が究極の進化を遂げるように導く役割を果たすものだということだ。

これに関連した重要な疑問がいくつか残っている。生命が地球上で「どのように」発生したのかという疑問に答えるためには、生命が「どこで」発生したのかを解明する必要がある。その最有力候補として、深海の熱水噴出孔が最有力と考えられてきた。利用可能なエネルギーが豊富で、還元力の強い化学環境を持つからだ。しかし、ここまで紹介してきた最近の研究は紫外線の有用性を示しており、さらに、隕石の衝突といったきわめて例外的な出来事が重要な生物学的構成要素の供給源となる可能性を示している。これらを考え合わせると、生命は誕生したばかりの大陸が隆起するのに伴って地表あるいは地表付近で発生し、そして小川や湖が複雑な生体分子の温床となった可能性がある。

大部分の科学と同じように、こうした疑問に対する答えは、研究者の指針となるような新しい実験や観察から得られる可能性が高く、現在一般的な通念と考えられているものを混乱させるかもしれない。

宇宙の他の場所に生命は存在するのか

のちにまた見ていくが、シュレーディンガーが別の文脈で使った言葉を言い換えれば、「生命とは複数形が不明な単数形」だ。地球上の生命の起源を理解する上で最も大きな障害の一つは、現在のところ生命の類型が1種類しかわかっていないことだろう。それは、ATP分子のエネルギー貯蔵と生成を原動力とする、DNAベースの遺伝子複製メカニズムだ。生命の可能性がどこにあるのかわからなければ、地球上の生命にとって不可欠だった特定の発生経路を見つけ出すのは困難だ。

この限界を乗り越えるために、目を空の上方に向け、人類は宇宙で孤独な存在なのかというもう一つの大きな謎に取り組むことも可能だ。

この疑問は、宇宙の他の場所に生命は存在するのか、知的生命体は存在するのかという二つに分けることができる。この二つの疑問はまったく異なるものであり、一般の人びとの多くにとっては、二つめの疑問が主要な関心事である。だが、科学者にとっては一つめの疑問こそが本当に解き明かしたいものであり（二つめの疑問に取り組むための前提でもある）、しかも今世紀中に解明できる可能性が高いものなのだ。

人類が望遠鏡で火星を見上げるようになって以来、地球のいとこであるこの赤い惑星は私たちに希望を与えてきた。1719年、イタリアの天文学者ジャコモ・フィリッポ・マラルディが火星に季節があることに気づき、その63年後にウィリアム・ハーシェルがそれを確かめている。それから約1世紀後、フランスの天文学者エマニュエル・リエは、火星が1年間に見せる様相の移り変わりは植生の変化によるものと仮定して、火星にも生命が存在するという一見自然な推測を世間に広めた。

1877年、火星には生命が存在するだけでなく知的生命体も存在するという考えが、大いなる科学的正統性を持つようになった。天文学者のジョバンニ・スキアパレリはミラノで、新しい大型の屈折望遠鏡を使って火星を観察し、惑星表面を縦横に走る深い溝を発見してそれを「キャナリ」

と名付けた。彼が描いた火星の地図は、ミラノに近いベネチアと奇妙なくらいよく似ている。「キャナリ（溝）」が「運河」と訳されるようになったのはアメリカの天文学者パーシバル・ローウェルに負うところが大きい。ローウェルが1906年の著書『火星とその運河』で、火星には南北の極地から、乾燥した中央の平原へ水を運ぶ運河が張り巡らされていると記したこともあり、火星の文明は地球より進んでいるのだという見方が人びとの間に広まった。

火星の表面に関するこの誤った印象はすぐに否定されたが、火星人のイメージは大衆の頭の中にすっかり定着し、オーソン・ウェルズがラジオドラマ『宇宙戦争』（H・G・ウェルズ原作で、ウェルズはローウェルが1895年に出版した火星に関する本に刺激されて執筆した）を制作したときに新たな熱狂に達した。ドラマを聴いた多くの人びとが、火星の邪悪な生き物が地球を侵略していると思い込んでしまったのだ。

NASAのバイキング探査機着陸船、そしてその後より高性能なカメラを搭載して火星を縦横に走った新型の探査車（ローバー）が撮った写真で、惑星の表面が乾燥したクレーターだらけの赤い砂漠であることが明らかになると、火星への熱は冷めていった。

人びとは火星を、SFや誤った科学ではなく、現代科学に基づいて理解するようにはなったが、そこは依然として、絶滅した生命あるいは現存する生命の兆候の証拠を見つけるのに最も刺激的な（そして最も取り組みやすい）場所であり続けている。過去にその地表を液体の水が流れた痕跡と、場所によって地表や地中に水が存在した確実な証拠があることから、生命が過去に存在し、あるいは現在も存在している証拠が発見されるのではないかという期待が高まっているのだ。何といっても、水は地球上の生命の源なのだから。

一つの隕石でクリントン大統領が会見を開く

そして火星は、地球外生命についての私たちの考えを一変させた。ある程度の年齢の方なら、1996年8月7日にアメリカ大統領ビル・クリントンが行なった記者会見を覚えているかもしれない。大統領は会見で、1984年に南極で発見され、のちに化学者チームによって分析された隕石について次のように説明した。

40億年以上前、この岩石は火星誕生時の地殻の一部として形成され（中略）1万3000年前の流星群で地球に飛来しました。そして1984年に、アメリカ政府による南極での年次流星探索任務に参加していたアメリカ人科学者がこの隕石を見つけ、研究用に持ち帰ったのです。特別なものにふさわしく、その年に最初に拾われたその石には84001番の番号が振られました。今日、その84001番の石は、何十億年もの歳月と何百万マイルもの距離を超越して私たちに語りかけます。生命存在の可能性を物語っているのです。この発見の正しさが立証されれば、それは間違いなく、宇宙に関して科学がこれまで明らかにした中でも有数の驚くべき発見となるでしょう。その影響は考えうる限りの広範囲に及び、畏怖の念すら抱かせます。人類にとって最も古くからある疑問に対する答えを約束する一方で、より根源的な、新たな疑問をもまた提起するものなのです。

クリントン大統領が1個の隕石のことでこれほど詩的になり記者会見まで開いた理由は、石の中に地球最古の生命の化石に神秘的なほどよく似た構造が存在するとされたことだった。事実なら、地球に生命が誕生したのとほぼ同じ時期に、火星にも生命が存在していたことになる。

その火星の隕石中にあって化石だとされていたものは、現在では非生物学的プロセスによってできた可能性が最も高いと考えられている。生物学とは何の関係もない同様の構造が、地球上でも観察されている。

だが、隕石「アラン・ヒルズ84001」の物語は、ある重要な事実へと私たちの注意を引いた。化石が発見されたのは火星ではなく、南極に飛来した火星の隕石からだったのだ。これは、火星と地球を孤立した生態系として考えるべきではないと示唆していた。熱水の温泉から酸性のプール、地中深くの岩石に至るまで、他の生物なら生存は不可能な環境でも生息できる「極限環境微生物」が存在しているし、岩石に埋まった状態の単細胞生命体なら、生きたまま火星から地球へ旅することができるはずだからだ。言い換えれば、火星で進化した生命が地球に種を蒔いたのかもしれないし、それより可能性は低いものの、その逆もまたありうるということだ。火星人がどのような外見をしているのか知りたくなったら、鏡を見るのが一つの方法かもしれない。

これはまじめな問題だ。実際、同僚の著名な地質学者で、生命の痕跡を求めて火星の地表を探査している科学チームのメンバーであるアンドリュー・ノールはかつて私にこう語った。もし火星に生命の存在を示す証拠を発見した場合、それが人類と縁戚関係になかったとしたら自分にとって最大級の驚きになるだろう、と。その生命が現存しているか絶滅しているかにかかわらず、だ。

これは重大な結果をもたらす。火星に生命の証拠が発見され、それらの生命体がＤＮＡで成り立っていて、地球上の一部の生物と同様の細胞構造を持っていると判断できたなら、それが太陽系における2番目の、独立した生命誕生の証拠であると結論付けることはできないことになる。

　この問題が重要である理由は、二つの独立した生命が一つの太陽系で発生したことを決定的に示すことができれば、それは生命が宇宙のどこにでもあることを意味するからだ。銀河系は生命で満ちあふれていることになり、その結果、地球以外にも知的生命体が存在する確率の推定が完全に変わってしまうだろう。

　換言すれば、地球の生物とは明らかに異なる種類の古代生命体を火星で発見できないなら、この深遠な疑問を解き明かすには他の場所を探さなければならないことになる。

　幸いなことに、私たちが探す新しい場所はたくさんある。太陽系を探査している私たちの宇宙船は、地球外で生命を探すのに最もエキサイティングな場所は、他の惑星ではなく惑星の衛星だという可能性があることを明確に証明した。

　巨大ガス惑星である木星や土星（および近くにある他の衛星）との距離の近さから引き起こされる潮汐（ちょうせき）摩擦が理由で、エウロパやエンケラドスのような氷の衛星は現在大きな関心の的になっている。どちらも氷の地殻の下に深い海があることが明らかになっており、エンケラドスの間欠泉は探査機カッシーニによって分析され、水、アンモニア、塩、有機化合物が含まれていることが判明した。

　エウロパを覆う厚い氷の地殻の下を調査するための探査機を飛ばす計画も進行中だ。この二つの衛星はどちらも氷で覆われているため、その下の海は完全に孤絶した環境となっている。両衛星の氷の表面下に生命が存在する証拠があれば、独立した生命の起源の有力な証拠となるだろう。

　もっと異質な可能性も存在する。土星の衛星タイタンの地表温度は摂氏マイナス１８０度で、液体のエタンとメタンの川が流れている。これほど生命が存在しにくい場所を他に想像するのは難しいが、タイタンの活発な化学反応から、そこには風変わりな生命体が生息しているのではないかとする声もある。NASAはかつてホイヘンス探査機でタイタンの大気中を降下する様子を撮影したが、それに続き、タイタン探査機を飛ばすことも計画している。

最後に、地球に近いもう一つの惑星である金星は、摂氏450度を超す地獄のような表面温度を持ち、ずっと不毛の惑星だと考えられていた。だが、そこに生命が存在する可能性について関心が再び高まっている。金星の場合、その対象は上空の雲の中だ。この雲は非常に密度が高く、地球に似た圧力と温度の領域が存在する。この雲の中に生体分子が存在する証拠があるという最近の主張は否定されているものの、金星上を永久に浮遊している生命体が存在する可能性は興味深く、未解決のままだ。私たちの太陽系については以上だ。

銀河系の他の部分については、1995年に二つの研究グループによって大きな可能性が開かれた。ジュネーブ大学のミシェル・マイヨールとディディエ・ケロー、直後に、当時サンフランシスコ州立大学に所属していたジェフリー・マーシーと彼の同僚のポール・バトラーによってである。私なら「ほぼ不可能だ」と主張するだろうことを、彼らは観測した。観測者や実験者としての面目躍如だ。

地球のような惑星が太陽を周回するとき、惑星にわずかに引っ張られて太陽は前後にふらつく。太陽の質量は地球の30万倍であるため、地球の引っ張る力は弱く、太陽は毎秒約10㎝と、赤ちゃんがはいはいするのとほぼ同じ速度で前後に揺れる。

次々と見つかる惑星

地球よりも大きく、もっと内側の軌道を周回する惑星があったなら、太陽への影響はさらに大きい。だが私たちの太陽系では、巨大ガス惑星はすべて太陽から遠く離れている。そのため、太陽系の近くにある恒星ペガスス座51番星を周回する惑星の発見は、大きな驚きだった。

恒星ペガスス座51番星は、最初にマイヨールとケローが発表し、その後すぐマーシーとバトラーによって確認された。それから2カ月もしないうちにおおぐま座47番星とおとめ座70番星を周回する惑星をマーシーとバトラーが発見した。これらの星には木星と同じくらいかそれよりも大きい巨大な惑星があり、水星が太陽を周回しているよりもはるかに近い距離で周回している。たとえば、ペガスス座51番星bと呼ばれる惑星は質量が木星の約半分（ただし、サイズは50％大きい）だが、わずか4日ほどの公転周期で、水星から太陽の距離の10分の1くらいと主星に非常に近い軌道を周回している。

こうした発見がされるまで、この現象は太陽系における過去の観測から不可能だと考えられていた。恒星のすぐ近くで誕生し存在し続けるのは岩石惑星だけのはずだったからだ。もちろん、新事実を自然が示してからは、恒星から遠く離れた場所で誕生した巨大ガス惑星が重力の摂動［恒星系の諸天体が他の惑星の引力で楕円軌道からずれること］によってゆっくりと内側に移動する可能性があることを天体物理学者たちが理解するのに時間はかからなかった。

ペガスス座51番星bの発見以来、約１５００個の巨大ガス惑星が恒星を周回しているのが発見されており、そのうち主星に最も近い惑星の公転周期はわずか18時間だ！　私たちの太陽系は、惑星系としては典型的どころかむしろ例外的なものなのかもしれない。

ただし、これらの観察結果には選択効果［ある現象の統計的性質を調べる際に、サンプルの選択や測定のしかたによって、真の統計量から偏りが生じること］が働くため、ただちにこう結論することはできない。初期に見つかったペガスス座51番星bなどの系外惑星は、それぞれの主星の移動が観測されることで発見された。この移動は毎秒約50ｍの速度で、惑星からの引力によるものだ。これは最も速い短距離走者の約5倍の速度だが、星が発する光への影響を考えると驚くほど遅いものだ。ドップラー効果が働くため、この動きによって星が発する光の周波数が前後にシフトする。光の速度と比較するとこの動きはほとんど感知できず、周波数の周期的なシフトは１０００万分の1程度しか引き起こされない。

以上の理由から、これは観測不能だと私は推測していた。だがいつものごとく、私は観察者の技能と忍耐力を過小評価していたのだ。当時の分光計は毎秒数十ｍの周期的な相対速度の変化しか測定できなかった。この事実は、系外惑星の探査において、大きな惑星が主星に与える影響だけしか感知できないことを意味していた。さらに、信号をノイズから分離するには、数多くの軌道について信号を観測する必要がある。しかし、観測時間がせいぜい数年程度の単位だとすると、多くの軌道を観測するには各軌道につきせいぜい数日から数カ月単位の軌道周期であることが必要だ。この二つの要因が示唆するのは、系外惑星に関しての初期の研究においては、恒星のすぐ近くを周回する巨大ガス惑星のみが検出されただろう、ということだ。実際そのとおりだったのだ。

観測技術は徐々に向上し、最初に見つかった１００個の太陽系外惑星のうち70個を発見したマーシーと彼の研究チームは、いくつかの恒星の周囲に複数の惑星が存在することと、主星からの距離が太陽から木星までの距離に匹敵する最初の巨大ガス惑星の存在を確認することに成功している。

マーシーはその後、共同研究者のデヴィッド・シャルボノーおよびティモシー・ブラウンとともに、別の技術を開発した。それは、惑星を発見するための最も有望な方法として現在普及している。運がよければ、遠く離れた恒星を周回する惑星の軌道が恒星と地球の間に来ることがある。その惑星が軌道を通過する際に、恒星の光のごく一部、平均1％未満が遮られる可能性があるのだ。

繰り返しになるが、観測される星の明るさを変動させる可能性のある他のすべての要因を考慮すると、これほどわずかな明るさの変動を観測できるとは私には思いもよらなかった。だが、注意深く観測した十分な量のデータと、その効果の周期性（これには、恒星の前に惑星があるときの星の明るさの減少と、恒星の後ろを惑星が通過する際に星の光を地球に向かって反射することでわずかな時間明るさが増加することの両方が含まれる）があれば、それは識別可能なのだ。

こうした初期の結果から、NASAは銀河系の小さな領域に焦点を当てた宇宙望遠鏡を使って約15万個の星を継続的に観測し、明るさの変化を調べるための「ケプラー計画」を開始した。結果はすばらしいものだった。現在までに、さまざまな種類の恒星の周囲で5000個を超える太陽系外惑星が観測されている。ここでもまた選択効果の影響もあって、観測結果は小さめの恒星と大きめの惑星に有利なものとなっているが、恒星の周囲で観測された惑星は、現時点で地球に似たものや地球での1年と同じ公転周期のものまで広く分布している。

これらの結果は、天体物理学者たちが直感的に予想していたことを裏付けている。つまり、星が形成される初期段階には、星の周りの塵（ちり）のような降着円盤［回転しているガスなどの物質が強い重力をもった天体の周りに引き付けられてできる、円盤状の天体］への衝突で物質が蓄積されていくため、銀河系内のほとんどすべての星がその周囲に惑星系を持っている可能性が高いということだ。

ここまでは想定どおりだが、ケプラー計画でこれまでの常識を覆す事実も明らかになった。基本的に、物理法則で除外されていないことは何でも起こりうるし、実際に起こっている。小さな星、大きな星、さらには超新星爆発を起こして崩壊した星の周りにも惑星が存在するとわかったのだ。

ハビタブルゾーンという領域

惑星観測が急増したことで最もエキサイティングなのは、恒星の周囲の「ハビタブルゾーン（生命居住可能領域）」として知られるようになった領域に、地球に似た惑星が存在する可能性だ。ハビタブルゾーンとは、惑星表面に液体の水が存在するのに十分な、だが蒸発するほど強すぎないくらいの星の光が降り注ぐ領域を指す。現在、生命が居住できる可能性のある多数の惑星がカタログ化されていて、そのほとんどは――これもまた選択効果によって――太陽よりもはるかに小さい恒星の周囲にあり、恒星からの距離も近い。そして、地表の水が蒸発してしまうほど恒星からのエネルギーが強力に降り注ぐこともない。

太陽系に最も近い恒星で、地球から約4光年の距離にあり、質量が太陽のわずか12％程度しかない赤色矮星（せきしょくわいせい）であるプロキシマ・ケンタウリですら、おそらく三つまたは四つの惑星からなる系を持っているように見え、惑星の一つプロキシマ・ケンタウリbは、主星のハビタブルゾーンと推定されている場所に位置している。

宇宙生物学者たちはハビタブルゾーンにわくわくしているかもしれないが、大事なことも指摘しておこう。ある惑星が恒星のハビタブルゾーンに存在していても、その惑星が居住可能だったり、表面に液体の水が存在したりすることを必ずしも意味するものではない。宇宙生物学は、太陽系の内外で生命の可能性を探究しようとしている科学分野で、近年拡大を続けているものの、正直なところ研究者たちの科学的基準はまだまだ統一されていないというのが実情だ。

まず第一に、地球の表面に液体の海が存在するかどうかの決定に関して、大陸の分布が重要な役割を果たしてきたことがわかっている。これは、太陽のハビタブルゾーン内にある地球に住む私たち自身の理解からもいえることだ。約6億5000万年から7億5000万年前の少なくとも一時期、おそらくはそれ以上の間、大陸が地表を移動し、その後、地球全体が凍りつくという「スノーボールアース」と呼ばれる現象が起こった。つまり、地球でさえ、常にその表面に液体の水が存在していたわけではない。

だがそれ以上に、恒星のハビタブルゾーン内にある惑星の多くは、太陽から地球までの距離よりもはるかに主星に近いところにある。プロキシマ・ケンタウリのような恒星は太陽よりもはるかに小さく温度も低いためだ。だが、こうした星は定期的に大規模な「フレア〔太陽など恒星の外層大気において発生する爆発現象〕」を発生させることが知られている。フレアは近くの惑星の表面を簡単に殺菌し不毛にしてしまう。惑星はまた、主星に対して常に同じ面を向けて回転する「潮汐ロック」状態になっている可能性があり、その場合は惑星の両側とも過酷な状況になる。

したがって、地球に似た別の惑星のことが報道されていても、そこで生命が発見される可能性については疑いの目で見ていたほうがいい。

それでも、発見された系外惑星の数が大きく増えていることを考えると、太陽系外で生命の証拠が見つかる確率は年々高まっている。さらに、私たちはそうした証拠を発見できそうなツールの開発を急いで進めている。2021年のクリスマスの日に打ち上げられたジェームズ・ウェッブ宇宙望遠鏡（ＪＷＳＴ）によって、その見通しは劇的に改善された。

惑星が主星の前を通過するとき、地球上の（ＪＷＳＴの場合は宇宙空間の）望遠鏡は、主星から放たれた光が地球に向かう途中で惑星の大気を（大気がある場合）通過するようすを観測できる。観測者はその場合に、星からの光が大気にどのように吸収されるか観察したり、大気中のガスから発せられる放射線の信号を探したりすることも可能だ。

光が大気に吸収されると、さまざまな化合物に関連したスペクトルの「吸収ライン」が検出可能になり、実際にいくつかの太陽系外惑星で観測されている。そうした最初の惑星であるＨＤ２０９４５８ｂからは、水蒸気の他にナトリウム、水素、炭素、酸素が含まれていることが観測された。他の惑星の大気には、一酸化炭素だけでなく、二酸化炭素、メタン、さらには酸化チタンのような珍しい分子も含まれている。この原稿を書いている時点で、ＪＷＳＴはある巨大な惑星ですでに水と二酸化炭素を検出しており、さらに多くの発見が期待されている。

系外惑星の大気を構成するさまざまな化合物を観察することは、地球上と同じような生命体がこれらの惑星に存在しているか判断するのに役に立つ。たとえば、すでに述べたとおり、地球初期の大気中に遊離酸素は存在せず、現在の大気に含まれている酸素は、生態系が過去40億年をかけて生成してきたものだ。そのため、遠くの惑星の大気中に酸素を検出しても、生命が存在する決定的な証拠とはならないが（生命以外の非生物学的メカニズムの作用かもしれないからだ）、有力な手がかりにはなるはずだ。もちろん、メタンや酸素、そしてそれ以外にもずっと広い範囲を対象にして潜在的な生体指標を調べればもっといい結果が期待できるし、地球上の生命は宇宙で唯一のものではないのだとより確信をもって結論付けられるかもしれない。

2022年にJWSTの調整が完了しその性能がフルに発揮できるようになると、この分野全体が文字どおり熱を帯びた。大型の本体サイズと搭載する赤外線カメラにより、この望遠鏡は惑星の熱い大気から放射される光を微細な部分まで直接観察できる。JWSTは、地球の大気は赤外線の放射を吸収するため、地上に設置された望遠鏡ではこれは不可能だ。JWSTは、主星からの光を遮断するために搭載されたコロナグラフ〔恒星のコロナやプロミネンスを観測するための装置〕を使用することで、こうした遠方の惑星をダイレクトに画像として捉えられる。細部まで写し出すことはできないが、惑星の画像を、主星からの光を反射する点として供給できるのだ。

JWSTはすでに最初の観測成果を地球に届けている。そこに太陽系外生命の存在はまだ示されていないが、そうした先駆的な発見が今後10年以内になされるかもしれない。実に刺激的な時期を迎えているのだ。

ここで、ロシアの億万長者ユーリ・ミルナーが出資した、夢物語のようだがエキサイティングなプロジェクトについて、同プロジェクトにかつて参加した私としては説明しないわけにはいかない。ミルナーは私財を投じて数多くの最先端の科学プロジェクトを立ち上げ、リスクの大きい、あるいは政府からの多額の資金支援が見込めない新技術に対して一つのプロジェクトあたり約1億ドルの資金提供をしている。「ブレイクスルー」という名を冠したこれらのプロジェクトには、「ブレイクスルー・リッスン」および「ブレイクスルー・スターショット」両計画もある。

「ブレイクスルー・リッスン」プロジェクトは、かつての「地球外知的生命体探査（SETI）」プログラムで行なわれた電波探知の規模を拡大して実行し、未知の知的文明が発信した電波やレーザー信号のしるしを求めて、100万個の星を対象に探索活動するものだ。気が遠くなるような計画だが、お金をかければチャンスはゼロではないかもしれない……。
「ブレイクスルー・スターショット」は私も（そしてスティーブン・ホーキングも）参加したプログラムで、それと比較したら「ブレイクスルー・リッスン」はごく簡単な計画に思えてしまう。

目指しているのは、面積1㎡の帆を重量1グラムの宇宙船に取り付け、地球を発進してから月までの距離に到達する頃には光速の20％まで加速できるようにする、というものだ。宇宙線の帆には、地上の発射基地にずらりと並べた途方もなく強力な照射機からレーザー光を送って推進力にする。宇宙船はそこからプロキシマ・ケンタウリを目指し、およそ20年後にプロキシマ・ケンタウリbに接近して、この惑星を至近距離から撮影した画像を送り返す。もしうまくいけば、それが約4年後に地球に届くことになる。

計画の実現に必要な技術の詳細にはここでは触れないでおく。それぞれの技術は現時点で実現可能な段階をはるかに超えた、困難なものだからだ。私は、公金が投入されず一般の人びとの費用負担がないことを評価して、たとえ気が遠くなるような計画であってもやってみる価値を感じたのでこのプログラムに参加した。その後退任したときには、このプログラムが最初に予想していたよりもはるかに、科学ではなくSF的な段階のものだと感じるようになっていた。とはいえ、私のその感想が間違っていたことが証明され計画が実現したなら、少なくとも私の（まだ生まれていない）子孫が生きている間に、太陽系外に存在する可能性のある、生物のいる世界の様子を人類は目にするかもしれない。

地球外生命体、三つの可能性

生命の兆候が太陽系内あるいは系外のどちらで発見されるかにかかわらず、本当に最も興味深いのは、どういった種類の生命が見つかるのかということだ。私個人は、探査が必ず成功すると信じている（カール・セーガンの『コンタクト』の主人公が語るセリフのとおり、もし人類が大宇宙で孤独な存在だとしたら、それは宇宙空間をひどく無駄にしていることになる）。

それには少なくとも三つの可能性がある。

まず、地球外生命体は私たちが地球上で目にする生物とまったく同じ化学組成の可能性がある。ありえないことのように思うかもしれないが、私は可能だと考えている。

この章で説明してきたように、生命は熱力学とエネルギーに関連した諸原理と、必要とされるさまざまな原材料とがあいまって引き起こされる、ごくまれな特定の化学反応経路によって誕生したと考えられる。DNAの四つの異なるヌクレオチド塩基対(つい)のように、生命の一部の側面は偶然の産物の可能性があり、地球外生命はG、A、T、Cのうちのいくつかが異なるDNA分子を使っているのかもしれない。しかし、生命にとってG、A、T、Cの組み合わせだけが機能するエンタルピー上の、またはエントロピー上の理由が存在する可能性がある。

同様に、他の生命体が有するRNAに相当する分子は、地球の生物とは異なるアミノ酸の種類を生成するのかもしれない。だがこちらも、他の組み合わせでは効果的な種類のタンパク質触媒を生成できない可能性がある。そして、地球外生命はATP分子以外の何かをエネルギー源にしているのかもしれない。しかし、もう一度言うが、これほど簡単に合成でき、操作が簡単で、エネルギーを効果的に貯蔵できる分子は他にないかもしれない。

つまり生命体は、地球上の生命体が生命を維持しているのとまったく同じ組成に、物理学と科学によって導かれる可能性があるのだ。私はその可能性が十分に高いと考えているので、同僚たちとの何度かの賭けでは、新しく発見される生命体は地球上で見られる生命体によく似ているだろうという立場を取ってきた。私にとってこの主張は、結果がどちらでも不敗だ。たとえ賭けに負けても私には勝利になる。なぜなら、それは宇宙には私たちがこの地球上で目にしているよりはるかに興味深く、多様な生命体が存在しているという可能性を意味するからだ。

このテーマについては多くの科学者によって検討され、さまざまなバリエーションが現れたが、DNAの発見者の一人できわめて博識な科学者のフランシス・クリックが最も熱心に提唱した。クリックは「パンスペルミア」として知られる学説を特に好んでいた。地球上の生命は、地球が最初に形成されてからおよそ5億年以内に誕生したとされる。それは、生命を奪い、海洋を蒸発させる可能性のある小惑星や彗星が飛来しなくなり始め、物理学と化学の法則が働くようになるのとほぼ同じころだ。生命がそれから急速に地球上を覆い始めたのは、地球で基本成分の合成が容易だったから、というわけではないだろう。生命の種子は、おそらく地球とは別の場所から来た、と考えるのがパンスペルミア説なのだ。

なんといっても、私たちの太陽系は宇宙の中では比較的まだ若い。地球と太陽は誕生して約40億年から50億年だが、銀河系は誕生から少なくとも約１２０億年が経過している。生命に必要な重元素が合成されるまでに、宇宙初期にできた恒星が数世代交代するだけの時間が必要だったとしても、太陽系で生命が誕生する前に、地球のものに似た生命が宇宙の他の場所で誕生する時間は十分にあったことになる。

おそらく、生命を誕生させるのに必要な生体分子は、遠く離れた恒星の周囲を回る惑星を消滅させた超新星爆発か、大規模な天体同士の衝突によって生まれた星間粒子に付着して地球に飛来したのだろう。あるいは、一部のSF作家（および一部の熱心な宗教崇拝者や科学者）が好んで想像するように、生命は何らかの高度な文明によって意図的にこの地球上にもたらされたのかもしれない。

この考えはロマンチックだけれど、多くのそうした発想と同様に、生命の起源の問題を先送りしているに過ぎない。地球上の生命が、他の場所から来た生命がもとになって進化してきたのなら、他の場所の生命はどうやって進化したのだろう？　それもまた、どこか他の場所からもたらされた種子によって誕生したのだろうか？　いずれこの論争にけりをつけ、生命の非生物学的な起源が解明されなければならない。このような理由から、私はパンスペルミア説をあまり真に受けていない。

私が賭けに負けるとしたら次に考えられることは、地球のものとは異なる生命のルール、RNAやDNAではない遺伝の基幹メカニズム、異なる代謝経路、異なるエネルギー源を持つ有機生命体が発見されることだ。生命がそのような変化を許容できるくらいたくましいものなら、このどれもが当てはまる可能性がある。炭素や酸素の量が少ない、あるいはケイ素や窒素の量が多いといった、地球とは異なる原料組成の惑星や月ではそうしたことがありうるかもしれない。

超新星爆発によって生成される重元素の比率が、爆発ごとに異なることはよく知られている。太陽系は約50億年前の超新星爆発によって誕生した。遠く離れた星系に存在する生命は、地球とは違う成分の物質群から誕生したのかもしれないし、生命が本当に宇宙のどこにでもあるのなら、そのかたちは多くの選択肢から選ぶことができるのだろう。

最後に、少なくとも私にとっては、地球上の生命とはまったく似ていない生命体が存在する可能性が最もエキサイティングなものだ。たとえば、スタートレックに登場する岩のような「ホルタ」

風の生命体だ。確かに、宇宙の他の場所で生命の痕跡を探すとき、私たちは地球上で生命が進化した条件にできるだけ近い環境を探している。だが、それは酔っぱらって財布をなくしたときのように、街灯の下を探しているからだ。つまり、それが最も可能性の高い選択肢だからではなく、生命を発見するのに一番の近道だと考えているからなのだ。

私たちは地球上の生命については知っているけれど、他にどんな可能性があるのかは知らない。だから、まず地球に似た環境を最初に探索するのは理にかなっている。そこで生命の証拠が見つからなければ、より異質な環境を選択肢にすればいい。ここで再びカール・セーガンの言葉を引用すると、証拠がないということは必ずしも存在しないことの証拠とは言えないのだ。

知的生命体が存在する可能性を導き出す

生命にどんな可能性があるのか、まったく想像もつかないのはわくわくする。しかしそれは同時に、地球外生命の存在、知的生命体が生まれる確率、未来の宇宙で生命がどうなるのかなどについての推測を難しくする。

１９６１年、天文学者のフランク・ドレイクは、天の川銀河の中にあって現在活動中の、知的レベルが高く私たちと交信可能な地球外文明の数について、それを推定するための計算方法をまとめた。これは「ドレイク方程式」として知られるようになったが、実際には方程式ではなく、むしろ未解決の謎を簡単なやり方で表現したものだ。私たちと交信可能な文明の数の推定値は一連の確率を掛け合わせた積として算出するが、その確率数のうち私たちが経験から導き出せるものはほとんどない。

確率の一つは惑星系を有する恒星の割合であり、現在ではほぼ1であることがわかっている。他の確率は、ドレイクの提唱当時はどれもおおざっぱな推測に過ぎなかったもので、大部分は現在でも推測の域を出ていない。生命の存在が可能となる惑星の割合、そうした惑星で生命が実際に発生する頻度、発生した生命が知的生命体にまで進化する確率、その知的生命体が星間通信を行なうほど高度な技術を獲得する可能性、そして、そのような高度文明が実際に星間通信を行なうようになる割合といったものだ。

$$N = R f_p n_e f_l f_i f_e f_d L$$

R —— 1年間に銀河系の中で誕生する星の数〜10

f_p —— 誕生した星が、惑星をもつ割合

n_e —— 星あたり生命生存に適する、惑星の数

f_l —— そのような惑星上に生命の生まれる割合

f_i —— 発生した生命が知的生命体にまで進化する割合

f_e —— 通信手段をもつ文化が現れる割合

f_d —— 通信を行おうと望む割合

L —— 文明の寿命

ドレイク方程式

こうした確率のすべてを経験的に理解するのは無理かもしれないが、一部については突きとめることが可能だ。たとえば、JWSTはいくつかの惑星について生命系が存在する兆候を明らかにする可能性があり、そうなればドレイクの推定方法における重要な確率の一つがゼロに近い値ではないと初めて示されることになる。それ以外の確率を突きとめられるかどうかは、現在わかっている以上に私たちが生命の起源について学ぶことにかかっている。化学者たちは、地球上で生命の起源以前からRNAの世界へ、あるいはそれに類するものへ至った化学反応の経路を特定できるかもしれない。だが本書の前の方で示したように、そうした経路を確かめたり、あら

ゆる可能性を理解したりするためには、宇宙の他の場所における異質な生命の起源を発見する必要があると私は考えている。生命の起源にさまざまなルートがあるとすれば、私たちには思いつかないようなルートも、その中に間違いなく含まれているはずだ。

地球のものとは根本的に異なる生態を持つ有機生命体が太陽系内で発見されれば、私たちの銀河系全体で生命が繁栄している可能性が飛躍的に高まる。そして、タイタンの生命体のように、地球外の極限環境微生物が発見されれば、銀河系に生命が存在する可能性のある場所はさらに増えることになる。地球上の生命に関する新たな研究成果によって、地球の生命系は地上のありとあらゆる場所を生息地としてきたことがわかっている。銀河系全体にもおそらく同じことが言えるだろう。

いずれにせよ、すでに強調したように、宇宙生物学の分野はまだ初期段階にあるため、報道で目にする主張のほとんどは懐疑的に受け止めるべきだ。データよりも推測の方が多く、それらは十分な情報に基づいた推測かもしれないが、推測であることに変わりはない。成功する科学は経験に基づくものであるが、宇宙に存在する可能性のある生命の種類と発生頻度に関しては、経験的な指針は現在のところまだほとんどない。

それでも、楽観視できる理由がある。私たちの銀河系には1000億個の恒星があり、おそらくそれらを取り巻く1000億個の星系がある。地球上の生命は物理学と化学の法則上可能な限り早い段階から進化しており、さらに、水、有機物、星明かりという地球上の生命に必要な成分も、惑星間の宇宙空間に遍在している。したがって、私たちの銀河系で生命を育む唯一の惑星が地球だということはとてもありえないと私は思うし、ましてや観測可能な宇宙にある1000億個の銀河全体で考えればなおさらだ。

ただし、知性は別の問題だ。地球上で知的生命体が現在の人類のレベルまで進化するには、ほぼ40億年かかっている。知性の発達が進化上の必然だという証拠はない。私たち自身が進化するためには、偶然の状況がいくつも連続して起こることが必要だった。特に、地球が銀河系のはるか辺境に位置しており、銀河系で起きていた壊滅的な出来事とは無縁のまま進化のプロセスが進んだ点は大きかった。太陽系内においては、破壊的な威力を秘めた小惑星や隕石を木星がほとんど除去してくれたからだ。それらは地球に衝突して進化を終わらせる可能性が常にあった。

また、恐竜が地球を支配していた時代に終止符を打ち、哺乳類が進化する道を開いたと考えられている小惑星の衝突など、運命的な偶然の出来事もあった。こうしたすべてが、人類のレベルまで認知能力が進化するために必要だったのだろうか？　人類が進化し生き残るために重要な役割を果たした可能性がある未知の出来事は他に何があるのだろう？

こうした疑問の解明にハードルとなっているのは、宇宙にどんな知的生命体が、どのくらいの種類存在しているのかについて、私たちにはまだよくわかっていないことだ。これは本書の次のセクションに関連する話題でもある。

前世紀の歴史と最近の出来事から、知的技術文明の寿命は宇宙的なスケールからすればかなり短い可能性があると長い間認識されてきた。技術文明は、他の文明と交信したり、あるいは星々の間に広がる広大な空間を越える冒険の旅に出たりする前に、自滅する運命なのだろうか？　それはまだわからない。

太陽と地球の未来

こうしたすべての検討事項は、生命の未来について未解明のまま残っている謎を考えるときに重要になる。具体的にはこういったことだ。

地球上の生命は地球と太陽系の急激な進化を生き延びることができるのだろうか？

そうだとすれば、どんなかたちで？

さらに、生命の未来は、宇宙が最終的に迎える未来と軌を一にするのだろうか？

永遠に膨張し続ける宇宙で、生命は永遠に生き残ることができるのだろうか？

現代を生きる私たちが、今世紀に地球の気候に何をしているのか、そしてそれがどのような地政学的な影響を及ぼしているのかにかかわらず、長期的に見れば、地球上の生命は太陽と銀河系の力学に支配されることになるだろう。そして、見通しは明るくない。

時間の経過とともに、太陽は明るくなってきている。地球上で生命が進化し始めたころの太陽の明るさは、現在より約15%低かった。当時の大気中の二酸化炭素濃度が現在よりも桁違いに高かったという事実がなかったなら、地球は凍りついていただろう。

20億年後には、太陽はさらに15%明るくなる。それほどの照度レベルでは、地球は現在金星が位置しているのと同等の領域に存在することになる。照度の上昇を食い止めなかったら温室効果が急激に高まり、地表の温度は現在の金星と同じ摂氏約４５０度に近づく可能性がある——地表を不毛の場所へと変えてしまうほどの高温だ。

それから約50億年後には、天体物理学上の難題が二つ重なって持ち上がることになる。それほど劇的ではない方のものは、近くにあるアンドロメダ銀河と天の川銀河との衝突だ。ありえないことのように聞こえるかもしれないが、本当なのだ。銀河系の大部分は何もない空間であり、星同士が衝突する可能性はごくわずかだと考えられる。しかし、銀河系全体の重力進化の様相は劇的に変化するだろう。私たちの渦巻銀河は、球形あるいは楕円形の銀河へと変形する。それだけなら影響はほとんどないかもしれないが、太陽系に近い恒星系が接近するとその重力によって太陽系の運動にずれが生じる可能性がある。太陽系の力学は実際には無秩序なものであるため、たとえ小さなずれであっても太陽系から惑星がはじき出されるといった重大な結果をもたらす可能性がある。

だが、より劇的な方の難題は、約50億年後に太陽が自らの水素燃料を使い果たして赤色巨星へと進化することだ。太陽の中心部が内側に崩壊して十分に密度が高くなるにつれ、ヘリウムが核反応を起こして炭素を形成し始め、太陽は地球の軌道付近まで膨張する。

一見したところ、これは地球上の生命を完全に死滅させるもののように思えるし、他に何も起こらずこのまま進めば実際にそうなる。しかし、もし知的生命体が何らかのかたちでそれほど長く生存し続けたとしたら、さまざまな方法で介入する能力を持っているはずだ。たとえば、彗星や小惑星の進む向きを変えて地球に接近させると、重力エネルギーの交換が起こり、地球の軌道をゆっくりと外側に移動させることができる。それにより10億年ほどかけて、地球を火星の位置に近い軌道に移動させられるかもしれない。その頃には、火星ははるかに住みやすい場所になっているはずだ。

もちろん、火星をどうするかは別の問題だ。イーロン・マスクや他の人びとが提案しているように、地球から火星へ生命を大移動させるほうが簡単なのかもしれない——沈没する船からネズミが逃げ出すように。

こうしたSFのような思索をめぐらせ始めると、潜在的な災害に直面しなければならなくなる前に太陽系から生命を退避させるかどうかという、より広範な問題も検討対象になる。人間は地球の環境で特にうまく身体が機能するように進化してきた。人類は、宇宙旅行に関する現状での明らかな技術的課題もさることながら、惑星間の、ましてや恒星間の旅行をするにはあまり適していない。

私がもし賭けをするなら、人間を送るのではなく、人間を太陽系外へ連れ出してもらうための指示を発信する方に賭けるだろう。宇宙旅行にとって質量は敵であり、人間の生態は実施できる宇宙旅行の形式に途方もない制約を課す。いま火星探査に地上探査車を送る費用（10億ドル未満くらいだ）と、おそらく1000億ドルに達する、往復の有人探査ミッションの費用の差を考えてみればいい。宇宙船の指揮と制御を担う基幹部品のさらなる小型化によって、小型宇宙船を銀河系の外縁部まで安価に送ることができるようになる。

人間自身を送るのではなく、文化や知識、さらに地球の生物に関する情報を残すため、小型のロボットシステムを送ろうということだ。片道のみのミッションであり、非情に思えるかもしれないが、物資輸送面ではその方が有利だ。それに、遠い未来に地球上で支配的な地位を占める知性が炭素ベースの生物からシリコンベースの機械に取って代わられている可能性がないとは誰にも言えないではないか？

多くの人びとが指摘しているとおり、人類を太陽系外に送り出すには速度の遅い、自給自足できる大型の宇宙船が必要になる可能性があり、恒星間の距離を移動するのにおそらく何千年もかかるため、宇宙旅行中に船内では世代交代が大きく進むことになるだろう。目的地に到着する頃には、乗り組んだ人びとは多くの点で、文化的にも身体的にも現代の人間とは似ても似つかない存在になっているかもしれない。

世界の終わりを科学する

このようなとりとめのない話は、この章の冒頭で扱ったより現実的な問題からはあまりにもかけ離れているように見えるかもしれない。だが、章の初めに戻る代わりに話題をさらに数歩進めて、「終末論」という名で知られる、世界の終わりについての主題を取り上げることにする。すべての優れた思想と同様に元来は神学の1分野だったが、現在は科学となっている。これは、その用語を耳にする前から私が研究を始めた分野だ。

私はこの用語や他の多くのことを、傑出した物理学者で数学者でもあるフリーマン・ダイソンから学んだ。彼は、量子電磁力学の開発に果たした独創的な役割で物理学者として名声を博した。ダイソンは2020年に亡くなるまで60年以上にわたって、プリンストン高等研究所で働いていた。この間、彼の豊かな知性は人類の知的活動の広大な領域を縦横に探究した。

たとえば、ダイソンは1979年に、その優れた知性を「生命は永遠でありうるのか?」という抽象的な問いに向けた。それは個人の生命ではなく、文明のことを指している。ダイソンは(彼にとっては珍しいことではないが)現実的な考察から離れ、より根本的な一般物理学上の問題、つまり、物理法則は生命の未来をどのように制約するのか、というテーマに取り組んだのだ。

常に楽観主義者だったダイソンは、最も希望の持てそうなケースである、永遠に膨張する宇宙について検討した。大きく収縮して終わる世界はあまり魅力的ではなかったのだ。当時ダイソンは、永遠の膨張を説明するための最良の選択肢として、「オープンユニバース」の可能性について考えていた。それにはまず、宇宙がオープンな構造である可能性が最も高いことを示す証拠があった。

次に、無の空間のエネルギーに膨張が支配されている可能性、それは別のところで説明したようにすべてのルールを変えるものだが、その可能性についてはまだ真剣に検討されていなかった。

ダイソンはいかにも彼らしいやり方で、生物学を問題から除外して、時間を経験し、情報を処理し、周囲に熱というかたちでエネルギーを放出する、一般的な生命体について考えた。彼はまた、いかなる文明も、たとえ無限に長い時間をかけても、有限量のエネルギーしか利用できないと仮定した。

情報を処理するにはエネルギーが必要なので、そのような文明は永久に存続することはできないとすぐに考えるかもしれない。ダイソンは、ある文明が永遠に存続するということは、無限の数の思考や意識の瞬間を持つことと同じだと定義した。意識の瞬間とは、その生命体が経験する主観的な時間であると彼は定義し、感覚的にはその生命体の代謝、つまり「体温」に比例するはずだと主張した。

そしてダイソンは、これもまた彼らしいちょっとした言葉のトリックで、生命は次の戦略を取るべきだと主張した。宇宙が冷えるにつれて生命は冬眠し、それから目を覚まして考え、再び眠りにつく。ダイソンは、宇宙が老いていくにつれ、生命体が宇宙の年齢に比例してより長く眠り、冬眠の間に短い覚醒（かくせい）と洞察の時間を入れれば、生命体は限られたエネルギーを消費するだけで無限の主観的時間を経験できることを示して見せた。永遠の文明の完成だ。もちろん、どうやって実現できるのかについて、あるいは実現できるとしても実際的な詳細について、ここでは何も説明されていないことに留意する必要がある。

1990年代後半、私が同僚のグレン・スタークマンとダークエネルギーの存在が宇宙の未来に与える影響について検討していた頃に、１９７９年のダイソンの論文に触発されたこともあって、私たちはダイソンの提唱した考え方がダークエネルギーの満ちた宇宙でどのように変化するかについて考え始めた。

宇宙の膨張を引き起こすダークエネルギーが加わることで、非常に遅い段階でダイソンの主張が破綻することが判明している（技術的に言えば、最終的に宇宙の温度はあるポイントより下がることはなく、指数関数的に膨張する時空に関連する、いわゆる「ホーキング温度」に近づくためだ）。しかしそれ以上に、宇宙が永遠に膨張するというダイソンの理論に対して、私たちは反論できると考えていた。

私はこの件についてダイソンに連絡を取り、私が物理学に関して経験した中でも屈指の知的対話を楽しんだ。そして私は次の学期を、ダイソンが働いているプリンストン高等研究所の一員として過ごすことが決まった。私たちはほとんど毎日昼食を共にしたが、週に一度の割合で彼のオフィスに行き、彼が間違っていると確信していた持論を説明した。ダイソンは次の日にいつも見事な反論を思いついたものだ。最終的に彼は、ダークエネルギーが支配する宇宙では、長期的に見て基本的に生命は存続しえないことに同意したが、他のケースについては決して譲歩しなかった。私たちは互いの意見に同意しないことに同意してその議論を終えた。その後も彼とは何度も会ったが、ダークエネルギーのことはもう議論していない。

このエピソードを取り上げた理由の一つは、ダイソンとのやりとりの中でフレッド・ホイルのＳＦ小説『暗黒星雲』で初めて提唱された仮説上の生命について聞いたからだ。この小説では、塵のような粒子の雲が宇宙で観測され、やがて研究者たちは、その雲が生命体であり、粒子が何らかの方法で交信し、合体して意図を持った単一の意識を形成していることに気がつく。
ダイソンのアイデアはこの小説のストーリーがベースになったという。小説そのものはダイソンのアイデアほど重要ではない。仮説上の生命について話してくれたときも、彼は細かい点に立ち入ることなく、もし『暗黒星雲』で描かれるような雲が宇宙とともに膨張するなら、グレンと私の懸念は払拭（ふっしょく）され、そのような形態の永遠に「生きる」生命体が文明を築くことがあると示しているのかもしれない、と指摘した。

正直に言うが、私は生命について考えるときにそのような実体のない物体について考えたことはなく、グレンと私はこの生命体についてのダイソンの主張を打ち破る理屈を考えついた。しかし一方で、彼が示したその生命体の話は、生命と生命の意味について、偏見を持たずにいる必要性を思い出させてくれた。

生命がどのような形態をとりうるのか、私たちはまだ解明できていない。だが、生物の姿は物理学の法則に従うものであり、その逆ではないのだ。したがって、生命存在の可能性の範囲を考えるとき、木を見て森を見ない結果にならないように問題から生物学を除外することは理にかなう。ダイソンの考え方は、物理学者が何かの問題に取り組む際の典型的な方法であり、私が初期の著書『Fear of Physics』（邦訳『物理の超発想　天才たちの頭をのぞく』講談社）の冒頭で披露したジョークを思い出させる。そのジョークには、酪農場から助言を求められた物理学者が登場する。彼は黒板に向かい、円を描き、誇らしげにこう言うのだ。

「牛は球体だと仮定してください！」

この一言はばかばかしく聞こえるだろうが、驚くことに、牛をこれ以上注意深くモデル化しなくても、牛について識別できることはたくさんある。

宇宙の生命、あるいはまた多元宇宙の生命に関しては、私たちはまだ問題の上っつらをなでたに過ぎないのかもしれない。そして、もし私たちが知りえている規則に従っている生命だけを想像することに固執していると、私たちの思考は限られてしまうだろう。小説『暗黒星雲』の雲も永遠の生命体ではないのかもしれない。それでも、宇宙の生命について考えるとき、私たちはそこから非常に重要な教訓を読み取ることができる。それは、天と地には私たちの想像力を超えたものがある、ということだ。

そして最後に、冷たく、暗く、永遠に膨張し続ける宇宙での文明の終焉（しゅうえん）について考えるのがあまりにも憂鬱（ゆううつ）なら、ウディ・アレンの例のジョークに示された重要な事実に慰めを求めるのもいいだろう。

それは、永遠とは長い時間であり、特に終わり近くはそう感じられる、というものだ。どんな文明も永久に存続することはできないかもしれないが、果てしなく膨張し続ける宇宙では、局所的なゆらぎによって、信じられないほど小さいがゼロではない確率で、瞬間的に（宇宙的な意味で）新しい生命体が出現するかもしれない。それらの生命体も死滅するが、そうしたプロセスは時として起こり、永遠に繰り返される可能性がある。そんな漠然とした、ありそうもない意味では、宇宙では生命そのものが決して終わることはないのかもしれない。同じ生命が生き残ることはないのだろうが……。

私がここに示した議論は、生命に関するもう一つの謎として認識されていること、つまり、意図的にデザインされたものなのかという点について考える上で重要だ。非常に多くの人がこの疑問に魅せられているようだから、少なくともこの話題を取り上げることは重要だと思う。

最初に断っておくが、自然界において意図的にデザインされたことを示す証拠は何もなく、他方意図的なデザインの不在を示す証拠は豊富にある。だが以前にも強調したように、証拠がないということは存在しないことの証拠とは言えないのだ。だから、生命の隠れた偉大なデザイナーが存在しないと証明することはできない。ただ、証明の必要はないようだと主張することはできる。そして、そのような必要性を主張する、多くのうんざりするような誤った議論が間違いであることを示すこともできる。

地球上に多様な生命が存在していることと、生命が環境に見事なくらい適合していることとは、何千年ものあいだ、創造主が必要であることの証拠とみなされてきた。それが、チャールズ・ダーウィンとアルフレッド・ラッセル・ウォレスによって完全に変わった。彼らは、自然淘汰と標準的な生物学によって、多様な種が自然に生まれるだけでなく、環境に合わせて神の摂理でデザインされたように見える種も生じることを証明した。

言い換えれば、ダーウィンとウォレスは、地球が生命に適合するように微調整されているのではなく、地球に適合するように（進化によって）微調整された生命だけが生き残ることを実証したのだ。

私がこの点を強調するのは、同じ議論がなぜか宇宙論で再び表面化してきたからだ。私たちの宇宙には知的創造主がいたに違いないと信じる人びとは、この点を何度もくり返し強調する。もしも自然の数多くの基本定数のうち、どれか一つでも実際の値とわずかに違ったなら、私たちが目にしているような生命は決して進化できなかったはずだ、と。

その主張自体は間違いではない。そして、真空のエネルギー（ダークエネルギー）がゼロでなく本当に値をもつことが発見され、その値が素粒子物理学の理論に基づく単純な予想値より120桁も小さかったことから、あらためて大きく注目されるようになった。言い換えれば、それはありえないくらい小さいものに思われた。もしダークエネルギーがもう1桁くらい大きかったなら、おそらく宇宙に銀河は形成されなかっただろうし、銀河がなければ星も存在せず、星がなければ惑星も存在せず、惑星がなければ人間も存在しなかっただろう……。

この事実に基づいてある人びとが導き出す結論は、自然の基本定数は必然的に、私たちが今日存在するために事前に調整された、というものだ。神聖なデザインをする者がいることを示すこれ以上の証拠があるだろうか？

しかし、この主張には多くの誤りがある。特に重要なのは、もし真空のエネルギーが正確にゼロであれば、それはほとんどの物理学者が当然の予想と考えていた値であり、その場合宇宙は現在よりも長期的には生命の生息により適していただろうという事実だ。

ただし、より重要なのは、先の議論で挙げたような考察だ。もし宇宙の枠組みが違うものだったら、私たちは存在していなかったかもしれない。しかし、生命にどのような可能性があるのか、とりわけ物理学の法則がほんのわずかに異なるだけでどんな影響があるのか、すべてを知ることはできないのだ。そうであれば、宇宙に私たちと異なる種類の生命が誕生することはないなどと言えるだろうか？　暗黒星雲の可能性はないだろうか？　そして、別の宇宙が存在するなら、そこにいる生命体も、なぜ宇宙は自分たちが存在するためにこれほど綿密に微調整されているのかと不思議に思っているだろう！

つまり、宇宙は生命に合わせて微調整されているわけではない。むしろ、地球上に生命が誕生したのは、それが可能だったからだ。生物の進化と同様に、生命は宇宙に合わせて微調整されるのであって、その逆ではない。私たちの宇宙に生命が存在することは奇跡のように思えるが、必ずしも奇跡である必要はないのだ。生命の起源と多様性、そしてその未来をめぐる謎は魅力的で、かつ刺激に満ちている。こうしたことがまだ完全に理解できていないという事実は、神が存在する証拠でもなければ、私たちがより高度な文明によって作られた巨大なビデオゲームの中で生きているという証拠でもない（もちろん、そのような文明の主体はビデオゲームの中で生きているのだろうか、といった疑問は生じるが）。

むしろ、すべては私たちがただ単に何も理解していないことを明らかにしているのであって、謎への答えを見つけようとする動機になる。

ホイルの『暗黒星雲』が示す、そしてそこから派生するさまざまな考察は、私たちに宇宙スケールで謙虚になるよう教えている。世界の創造において私たちが特別な贈り物である可能性は低く、他方で私たちと何の共通点も持たない生命体が存在している可能性があることを考えると、宇宙は私たちのために作られたのだ、というひどく思い上がった考え方はますますできなくなるのだ。

5
意識
CONSCIOUSNESS

- 意識とは何か
- 意識はどうやって生まれるのか
- 人間だけが意識をもつ動物なのか
- 意識は今後どのように進化するのか
- 人間は意識をつくれるのか
- 人間の手によってつくられるべきなのか

意識は常に単数形であり、複数形の意識というものはまだ知られていない。
エルヴィン・シュレーディンガー

いかなる問題も、その問題を生み出したのと同じレベルの意識で解決することはできない。
アルベルト・アインシュタイン

意識は棘（とげ）以上のものだ。肉に突き刺さる短剣である。
エミール・シオラン

人間はなんとすばらしい自然の傑作だろう。その理性の気高さ。能力の限りなさ。形と動きの適切さ、すばらしさ。行動は天使さながら。理解力は神さながら。
ウィリアム・シェイクスピア
（河合祥一郎訳『新訳 ハムレット』角川文庫より引用）

僕は頭をぽりぽりと掻いて
考えがどんどん浮かんでくるんだろう
もし僕に脳みそがあったなら
ハロルド・アーレン／イップ・ハーバーグ
（『オズの魔法使い』でカカシが歌う歌の一部）

哲学者と科学者が議論する領域

若い頃から私は科学に魅せられ、この世界が秘める可能性や自分が世界に関する発見に携るという可能性に強く心惹かれた。何か根本的なことを世界で初めて知る人間になるというのは、これ以上ない最高の冒険だと思った。

最初に目を向けた分野は、現代で言うところの神経科学だった。脳を理解することほど大きな挑戦はないと思えた。多くの点で、今でもそう思う。

神経科学そのものを専門にしようとは考えなかった。その言葉も研究分野も聞いたことがなかったからだ。母は私と兄の将来について大きな計画を立てていた。兄は弁護士に、私は医者になるのだ。兄は実際に弁護士になった。私は脳外科医になろうと考えた。科学者に最も近い職業だと思ったからだ。

言うまでもないが、私は医者にもならなければ神経科学者にもならなかった（大学院で悩んだときには、神経科学へ方向転換しようかと考えたこともあったが）。神経科学について少しずつ知るうちに、分類学のように思えてきたのだ。脳の各部分についての研究であるが、それらがどのような働きをしているのか、さらにはどのように関連しあって思考を生み出しているのか、必ずしも正確に理解するわけではないようだった。絶望的に複雑だ、そう感じた。多くの点で今でもそう感じる。

それでも、私が自分の専門に選ばなかった多くの科学分野の進歩と同様、この半世紀、脳を探る新たなツールの開発が主な土台となり、脳についての理解は革命的に進化した。個々の神経細胞を調べ、核磁気共鳴画像法（ＭＲＩ）で思考中の脳を観察し、人が見ているものや考えている内容さえもデータから予測し、脳に損傷を負った人の知覚を調べ、人間の脳と機械を接続して自力では動かせない手足を動かす試みまで行われている。

しかし、私を魅了した、そしておそらく誰をも魅了している数々の謎は、まだほとんどが解明されていない。

何が私たちの存在を形づくっているのか？

人はどのようにして世界とそこに生きる自分をモデル化し、その未来を予測し、のちに世界と自分自身の存在を振り返るのか？

何が私たちに自意識をもたらす？

自意識をもつ動物は人間だけなのか？

世界にこれ以上深く個人に関わる謎はないだろうし、人類による探究にこれほど多くの障害を与えるテーマもないだろう。あるテーマについて知られていることの量は、それについて書かれた本の数に反比例する、と聞いたことがある。だからこそ意識に関する本が驚くほどたくさん、すさまじいスピードで次々と世に出ているのだろう。

ありがたいことに私はこれまで何人もの神経科学書の著者と長く話をする機会をもち、このテーマに関する本や論文も数えきれないほど読んできた。さまざまな著者が意識について持論を展開するが、まったく同じものが一つもないという事実にはいつも驚かされる。宗教がみな違うように、それらすべてが正しいということはありえないし、正しいものはないのかもしれない。

一方、新たなツールが開発されてきたおかげで、この半世紀に神経科学、心理学、医学は大きな進歩を遂げた。神経科学者たちが示すさまざまな視点はとても啓発的だ。この分野で増えつづけるデータから数々の戦略が生まれ、あらゆる方面から意識をめぐる難問の解決を目指しているということなのだから。

オーストラリアの哲学者デヴィッド・チャーマーズは、こうした難問を「意識のハードプロブレム」と名付けた。その解決とはつまり、脳の物理的プロセスが、どのように主観的意識を生み出しているのかを明らかにすることだ。ここでいう脳の物理的プロセスとは、生化学的反応を通じて感覚データを保存し処理することであり、主観的意識とは、世界と自分自身に関する心象や日々の生活を形づくるものだ。

チャーマーズが意識研究の第一人者であるという事実は、この研究分野に思わず首をかしげたくなる要素があることを反映している。こんなことを言うと誤解されてしまうだろうことは確かなのだが。すでに私には哲学の悪口を言っていると評判があるからだ。もちろん、哲学が人間の重要な知的活動だということは十分認識している。しかし、意識という現象は、哲学者と実験認知科学者が同程度に最前線の議論をしている科学研究分野の一つだ。これは、まだその科学が未熟であることの表れではないだろうか。科学にとって哲学が不可欠となるのは、重要な問いそのものが何であるかが明確でない分野において問いを生むためである。科学者が自然界を探究するためのツールとなり、のちにさらなる疑問と答えの発展につながる問いだ。

物理学は、かつて物体の運動や存在の望ましい状態などを哲学的に考察した「自然哲学」を起源にもつ分野の一つだが、ガリレオの実験やニュートンの数学的理論が発展したことで、哲学の範疇(はんちゅう)とされていたそれらの謎が具体的な数学の問題へと変わった。

その後も物理学は大きく進歩し、現代のほぼすべての物理学者が解明に取り組む謎と現代の哲学者が議論する問題との間に、直接の関係はほとんどあるいはまったくない。えらそうに言っているわけではなく、概して物理学者が哲学書を読まないのは事実だ。物理学が実験に基づく科学として大幅に進歩を遂げた結果、二つの研究分野は大きく乖離したのである。

しかし、神経科学、特に意識の謎をめぐる状況はまったく異なる。いったいどんな根本的問いや概念が進歩をもたらすのか、そんな議論が今も続いている。だからこそ哲学者は、論理的な問題を分析し、将来の研究の方向付けに役立つ概念を提案できるのだ。パトリシア・チャーチランドやダニエル・デネットなどの哲学者は、自ら科学的問題の解決に乗り出し、科学の議論と研究を前進させるうえで重要な役割を果たしているように思う。

同じく大きな役割を果たし、私の理解にも影響を与えた人たちとして、神経科学者のアントニオ・ダマシオ、ジョゼフ・ルドゥー、V・S・ラマチャンドラン、故フランシス・クリック、認知科学者のスティーヴン・ピンカーやノーム・チョムスキーがいる（他に、スーザン・ブラックモア、アニル・アナンサスワーミー、そしてもちろんオリヴァー・サックスといった人気作家にも影響を受けた）。私が考える限り、この多様性だけでも、意識の主な謎が紐解（ひもと）かれるのはまだはるか先だという根拠になる。

意識を定義することの困難さ

さらに別の問題もある。前章の冒頭で述べたように、生命を定義しようというのはとても難しい。しかしそれさえも、意識を定義することに比べればたいしたことはない。意識をめぐる科学はとても流動的で、研究者の数だけ異なる定義がある。そのため、意識に研究の焦点を当てる科学者のなかには、厳密な定義づけから離れている人も多い。彼らは、意識の本質を捉える鍵となるものを理解するように努めている。より一般的な視点で、進化の面から人間の意識の神経プロセスを解明しようとしたり、従来のさまざまな定義に誤りや不足がないか探ったりしている。

しかし意識は捉えどころがない。生命の進化において、測定や数値化が非常に難しいからだ。脚やヒレや目とは異なり、はるか昔に絶滅した動物種の認知の発達を客観的に測定することはできない。さらに現存する種であっても、意識と呼ばれるものを直接的に探る方法はない。自己意識に関する特徴の多くは、脳をもたない、つまり明らかに意識をもたない生命体にも見られるからである。それはたとえば、「危険から逃れる」などの行動を観察することで判断することができる。

それゆえ意識の深層を探るためには行動観察を超えた研究が必要なのだが、直接的な自己観察を報告できるのは人間だけである。結果として、タコやイルカやクジラはもちろん、犬や猫などの動物がどの程度の意識をもっているのかという根本的な問題については、さまざまな神経科学者の間で議論が続いている。私にとって、うちの犬には明らかに記憶も感情も単純な論理的思考力もあると思える。この子に意識はあるのか？　目を見れば確かにそう感じる。私はこの犬を人間に重ねているのだろうか？　もちろんそうだ。でもそれは間違いなのか？

かつてバートランド・ラッセルは動物の行動の解釈について、「注意深く観察されるすべての動物は、観察を始める前に観察者が信じていた哲学のとおりに行動する」と述べた。確かに、愛犬の感情に対する自分の捉え方に私が自信をもてない理由の一つは、人間がみな行動の源泉に感情があると考えてしまうということにある。しかし実際には、そうとは限らないどころか、そんな場合はほとんどない。

私たちは猫が近づいたときにネズミの身体がこわばるのを見てそれを恐怖による行動とみなすが、これから説明していくとおり、進化の観点ではその動きは生存反応とされ、デカルトの思索と同程度に細菌の動きにも共通するものである。動物に感情があるなら、感情から行動が生じている可能性と同じくらい、逆に行動から感情が生じている可能性もあるのだ。

人間のように意識をもった被験者からなら本人の意識的な経験について聞くことができるが、それでも自分の行動の基盤に認知があると考える被験者から聞き出した結果については懐疑的な見方を捨てずにいるべきだ。

私たちの多くは自分の行動が合理的な意思決定に基づいていると思っているかもしれないが、実際には自分で自分を騙(だま)していることも多い。人は自分の発言や行動の決定につながる要因をすべて意識できているわけではない。それゆえ、もっともらしい理由をつけて自分を納得させるのだ。いわゆる「合理化」である。意識がなぜ自分の行動を引き起こすのかを根本的に知らなければ、自分が被験者となったときにその情報を実験者に伝えることはもちろんできない。

左脳と右脳の役割

人が自分を騙しうることを最も強力に示す実験の一つが、１９６０年代にロジャー・スペリーとマイケル・ガザニガが考案した「分離脳」実験だ。私たちの脳は左右二つに分かれており、主に脳梁(のうりょう)と呼ばれる部位でつながっている。男性は女性よりも脳梁が小さく、私の妻はそれを根拠に私のほうがマルチタスクが下手だと言う。それはさておき、一部の感覚情報が片方の脳からもう片方の脳に伝わることはよく知られている。たとえば、左側の視野から得た視覚情報は右脳で、右側の視覚情報は左脳で処理される。運動制御も視覚情報処理と同様に逆側の脳が行なうので、左半身は右脳、右半身は左脳がコントロールする。

左右の脳の接続が正常であれば、情報は両側で素早く処理されるのでこの分業はまず意識されない。しかし、1950年代から60年代にかけて、重症のてんかん患者に対して発作が体の半身からもう半身に広がるのを防ぐ目的で脳梁を切断する治療が行なわれはじめた。治療は効果を挙げ、発作は和らぎ、かつ行動や性格などに目立った変化はほとんど見られなかった。スペリーとガザニガはこれらの患者を対象に実験を行なった。

実験ではまず、左右に分割した画面の前に被験者を座らせてその中心に視点を合わせるよう指示した。そして画面の片側に単語や絵が一瞬表示される。被験者は口頭あるいは手を使ってそれらに反応する。発話は主に左脳が処理するので、右側の視野に絵が映し出された場合に被験者は問題なくその絵を説明できた。しかし、左側の視野に表示された場合には説明できなかった。

言葉では説明できない左側の視野にあるものについて、次は手だけを使って説明するよう指示した。右脳は左手の機能を支配しているので、いろいろなものが入った袋を渡して画面に見えたものに関連するものを左手で選ばせた。

ある被験者を対象に実施した際には、左の視野に雪景色、右の視野に鶏の足を表示し、被験者には目の前に並べられた複数の絵から画面の映像と関連するものを選ぶよう指示した。このとき、被験者は左手でシャベルを選び（右脳が処理した雪の視覚イメージに対応）、右手で鶏を選んだ（左脳が処理した右側の視覚イメージに対応）。

納得できる結果だ。だが、驚くのはここからである。左脳が発話能力を司るという前提のもと、被験者にそれらの絵を選んだ理由を口頭で説明するよう求めると、被験者はこう説明した。
「鶏の足は鶏の一部であり、そして鶏小屋を掃除するためにはシャベルが必要です」

つまり、言語を司る左脳は、その人が実際に見たものとは関係のないストーリーを、あたかも意識が関わる筋の通った行動であるかのようにつくり上げたのだ。行動を説明するために脳が選択を合理化し、左脳にとって唯一合理的だと思えた虚偽のストーリーを伝えたのである。

この実験からは2通りの結論が導き出せる。スペリーとガザニガの解釈はその二つに分かれた。スペリーは、左右の脳それぞれが経験する二つの異なる意識が存在すると結論づけた。一方ガザニガは、左脳が言語や信念を司り、その人の意図や行動を決定するので、高度な意識を生み出すのは左脳のみであるという結論に至った。

これは、意識に関する同じデータをもとにしていても研究者によってさまざまな見方がありうるという証（あかし）になると同時に、被験者への質問や行動観察を通して意識による論理的思考の本質を理解しようとすることの難しさも表している。被験者自身も自分の思考がどこから生まれているのか正しく説明していないからだ。わざと隠しているわけではなく、人は必ずしも自分の行動の真の原因を突き止められないのである。デヴィッド・ヒュームが『A Treatise of Human Nature』（邦訳『人間本性論』法政大学出版局）で「理性は情念の奴隷であり、それだけのものであるべきだ」と述べたのは、時代をかなり先取っていたと言える。

この問題は、本章の冒頭に載せたアルベルト・アインシュタインの言葉に反映されている。意識をもつ存在として、意識を理解しようとする私たちはまさにその意識のプロセスを使っているのだ。いまや他の個人の神経プロセスを調べることならできるが、その際も彼らが何をどのように考えているかを知るには本人の報告に頼るしかない。さらに、自分自身を研究したくても自分の思考の外に出ることはできない。私たちが経験できるのは自分や他者の意識が生んだ最終結果に対する当人の認識だけであり、その結果が生じるまでのプロセスも、認識が現実とどれほど一致しているかも知ることはできないのだ。

この根本的な障害を、心理学者たちは早くも1890年代にははっきりと認識していた。ウィリアム・ジェームズは古典『The Principles of Psychology』（短縮版邦訳『心理学』岩波書店）のなかで「意識の流れ」という言葉を生み出し（のちにも説明する）、意識の起源を明らかにすべく多大な時間を費やして自分自身の心を覗き込んだが、そんな省察は「暗闇の姿を知るためにガス灯をつける」ことに似ているとした。内省の末に意識の氷山の頂上に辿り着くことはできるかもしれないが、現実の大部分は海面下に隠れているのだ。さらにジェームズは、知覚そのものは意識より理解しやすくとも、「私たちの知覚の一部は目の前の物体から感覚を通して得られるが、別の一部（こちらのほうが大きい部分かもしれない）は常に私たち自身の頭から生じる」と述べた。

ジェームズのこの考えは、のちにジョージ・マンドラーとウィリアム・ケッセンが1959年刊行の著書『The Language of Psychology』（未邦訳）で述べた次の言葉にも表れている。「原子は原子を研究せず、星は惑星を調査しない。（中略）人間が人間を研究し、古い概念がすべての人間の日常行動に根強く影響を及ぼしているという事実は、科学としての心理学の道に立ちはだかる大きな障害となる」

ある意味でこの状況は、宇宙を最大のスケールで、そして重力を最小のスケールで理解しようとする努力にも似ている。一方では、自分たちが住む宇宙の中に閉じ込められている私たちにとって、経験的に探究できる謎の種類には限りがある。他方では、微小スケールでの重力の振る舞いに関するさまざまな理論的予測を区別できる実験法を私たちはまだ手にしていない。

　これに関して出合った言葉のなかで特に印象に残ったのが、神経科学者アントニオ・ダマシオが意識の本質について述べたものだ――「精神的な出来事のように複雑な現象について議論するとき、そこに検証の余地がまるでなければ、どうにかもっともらしいところに落ち着かざるをえないことも多い」。これはまさに、私が宇宙の起源や多元宇宙の存在について述べてきたことである。もっともらしい説明に辿り着いたと喜ぶことはできても、今のところ徹底的な検証や反証はやはり夢物語だ。もちろん、意識について考える場合、何が夢を形づくっているのかという問題も実に興味深いが。

危険から逃げるのは怖いからなのか

　１９７３年、著名なウクライナ系アメリカ人進化生物学者のセオドシウス・ドブジャンスキーは「生物学においては、進化という観点から見ない限りいかなるものも意味をなさない」と述べた。私たちはみな、私たちよりも先に誕生したすべての有機物（現存するものも絶滅したものも併せて）から生み出された存在だ。初めて意識をもった生物が人間であるかどうかにかかわらず、そして意識がいつ出現したにせよ、地球上で最初に生まれた有機物と私たちとを直接結ぶ長く曲がりくねった進化の道筋を経て意識は誕生したのである。

　生物に最低限どんな特徴があれば意識の存在が明らかであるか、少し考えてみよう。まずは行動、学習、記憶などが思い浮かぶかもしれない。しかし、すぐに壁にぶつかる。これらはおそらく必要条件ではあるが、意識があると言える十分条件にはほど遠いのだから。

　ここでもラッセルの言葉を引用する――「原生生物から人間まで、構造においても行動においても大きな差異はどこにもない」。遺伝子を残すため、太古の昔からすべての生物は生存と繁殖という二つの使命を背負っている。生き残るためには、最も原始的な生命体であるバクテリアや古細菌でさえも、周囲の状況を感知し、可能であれば移動して危険を避ける必要があるのだ。

　原生生物も、強力な化学物質や太陽光といった有害な環境から遠ざかり、体液のバランスや体温の調節ができる安全な環境に向かって移動する。また、過去の経験を現在の行動の指針にすることもできるようで、バクテリアにさえ学習と記憶を示す行動が見られる。地球上でおそらく最も知能の高い生物種が開発した抗生物質をいずれかわせるようになるという事実は、バクテリアにある種の原始的な知性が存在する証拠である、と主張する人さえいる。この場合、抗生物質耐性をもたらすのは自然選択であって知性ではないだろうが。

　とはいえ、神経系をもたないバクテリアと原生生物に意識があると主張する人はほとんどいないだろう（ディーパック・チョプラは例外かもしれないが）。それでも、私たち人間の社会的やりとりが行動と意識的な意図を混同してしまうことは珍しくない。なぜなら、他の人間の行動が論理的思考に基づいているという想定のもと成り立っているからだ。

　すでに述べたとおり、人は感情に関係して起こる行動や心理的反応について、その感情から生じていると考える。たとえば、危険から逃げるのは（猫を見て凍りつくネズミのように）怖いからだ、そう思うのである。しかし、実際には逃げるから怖いのだとしたら？　あるいは、逃げることと怖がることがそれぞれ独立した認知反応だとしたら？

神経科学者でさえ、意識と行動の関係について混乱することがある。ヒトの脳の深部にある大脳辺縁系に含まれる扁桃体（へんとうたい）という部位は「恐怖中枢」とも呼ばれ、恐怖や不安という感情に最も密接に関連すると考えられている。ジョゼフ・ルドゥーはこの認識を一般に広めた神経科学者の一人だが、いまやそれは間違いだったと語っている。確かに扁桃体は、脅威に対する行動や心理的反応を司る脳回路の一部である。ゆえにそこから恐怖が生まれると結論づけるのも自然なことだが、ルドゥーは恐怖という意識を生じさせるのは意識そのものに関連する別の認知回路だと主張する。

ハエは危険を察知すると動きを止める。ハエに扁桃体はないが、脅威を検出して反応をコントロールする生存のための他の認知回路はある。この種の行動の基盤となるハエの遺伝子は哺乳類のものと似ており、数億年前に生きた共通の祖先から受け継いだのかもしれない。

たとえハエが怖がっているように見えても、おそらく意識につながる回路はもっていないはずだ。人間にも、太古の生存本能に関わる回路から発達したと考えられる、特定の感情に関連した行動を本能的にコントロールする回路がある。ただしこの回路が感情をつくり出しているわけではない。ルドゥーが強調するには、いわゆる抗不安薬が不安や恐怖を生み出す回路を直接治療できないことがこの区別の証拠である。薬は脅威に対する行動的反応（呼吸数の増加、筋肉のこわばり、警戒度の高まりなど）を変化させうるが、その際にターゲットとするのは生存本能の回路だ。したがって、抗不安薬の使用は不安に関連する行動面での（そして治療が必要な）症状を抑えるのに役立つかもしれないが、不安という感情そのものをターゲットにするわけではない。

話を進化に戻すと、生存のためには外的脅威を避けるだけでなく、体温、老廃物の処理、エネルギー生成、水分摂取といった体内の物理的・化学的環境を調節することで代謝を維持しなければならない。

すべての生物はホメオスタシス（恒常性）の機能をもつが、複雑な生命体ほどホメオスタシスの条件は増え、より複雑な体内感知メカニズムが必要となる。群体を形成する単細胞の原生生物である襟鞭毛虫（えりべんもうちゅう）にも、初期のホメオスタシスと言える機能が備わっている。襟鞭毛虫の群体では細胞同士が分子架橋を通じて連絡し合い、さらに細胞内では電気信号による通信が行なわれている。まさに神経細胞の分子構造の原始的な姿とも思える。さらに襟鞭毛虫は、のちに他の動物が進化した際に神経細胞伝達の要であるシナプスの形成をもたらした遺伝子とタンパク質を備えている。

進化というスケールで見ればそのはるか後、動物の体に二つの役割をもつ真の中枢神経系が発達した——外界の状況を監視する役割と、体内全体の状態を監視する役割である。中枢神経系は代謝系を高度に連携させることでホメオスタシスの維持を支えている。なかでも、感覚情報を受け取って運動反応を引き起こす機能は重要だ。

神経細胞の細胞体からは長い繊維が延びている。通常は、遠くにある他の神経細胞に情報を送るための長い軸索が1本と、近くの細胞の軸索との間で情報の送受信を行なう樹状突起というたくさんの小さな繊維がある。化学物質ではなく電気信号を用いることで、神経系全体にわたる素早い連絡が可能になり、感覚細胞と運動反応を担う細胞との間にいくらか距離が保たれる。

神経細胞は脅威に対するとっさの本能的な反応を促し、単純な構造の生物種における化学的な反応機構を発展させた。これは生物の行動を変え、意識への道を開いた重要な進化であり、神経細胞の画期的特性が関係している。生物が環境と相互的に作用すると、神経細胞は変化する。この「シナプス可塑性」は、動物の生き方を最も大きく変えた進化と言えるかもしれない。なぜなら、これによって生物は単純で本能的な行動反応を超えてさまざまな反応ができるようになったからだ。シナプス可塑性は動物が行なう学習の基盤であり、後述するように、その特性は現代の人間の認知能力における二つの柱、すなわち言語と意識の根幹を成している。

神経系が発達し、生物の複雑さと能力が増すにつれ、その生活全体を調整する中枢機構も複雑さと能力を増やす必要があった。つまり、脳の必要性である。体温調節システムや捕食者に対する運動反応の発達、視力の向上、そして究極的には生殖および子孫の存続に関わる高度な問題の解決を可能にするために、脳は進化して大きくなり、新たな機能を得て、最終的に認知回路を強化した。

何世紀にもわたって詳細な解剖学的知見が得られてきた現在でもなお、人間の脳はその複雑さで私たちを驚かせつづける。最も見事なのは、前脳、中脳、後脳、脊髄(せきずい)といったそれぞれの構成要素の機能が他とまったく独立してはいないという事実である。たとえば恐怖の話に戻ると、かつては大脳辺縁系を形成する古皮質が恐怖や敵意といった原始的な感情を司り、一方で大脳新皮質は高次の認知機能を司るが感情は司らないと考えられていた。しかし、大脳辺縁系は確かに攻撃や防衛に関連する行動をコントロールするが、これらの行動に関連する感情が必ずしも因果的にこれらの行動をコントロールしているとは限らない。また、大脳辺縁系には海馬や帯状皮質など記憶を含む認知機能に関わる領域がある一方、大脳新皮質には感情体験に関係する領域がある。

司令塔は前頭葉

意識の本質と起源を理解するうえでの根本的な問題は、最終的に意識を生じさせるうえで脳内の個別の認知機能がそれぞれどのような役割を果たしているのかということより、それら個別の機能の数よりも意識の種類のほうがはるかに多いと思えることである。認識、感情、記憶、学習はいずれも各々の役割をもつが、周囲の環境に対する認識は、その環境を体験する自己に対する認識とはまるで異なる。出来事や危険な状況などに関する記憶と、その状況に身を置いてその出来事に関連する感情を経験した記憶とは同じではないのだ。

感情の性質もさまざまだ。喜びや痛みは外的刺激に対する直接的な反応に基づくので原始的な感情と考えられるが、悲しみ、憧（あこが）れ、期待、不信感などはより高次のものに属するように思われる。後者について理解しようとするときに進化の面から論じるのは難しい。なぜなら、動物について観察できるのは外的刺激に対する行動という結果のみで、たとえそれによって喜びや痛みといった原始的な感覚を調べることはできても、その後に起こりうる内観［自分の意識や心理過程を自ら観察すること］の可能性については何も知ることができないからだ。うちの犬は私が家を空けると悲しそうだ、と妻は言う。心にしみる話だが、これはうちの犬に感情があるという明確な証拠ではなく、妻が私と愛犬を気にかけていることの表れと言うほうが正しいかもしれない。

実際には意識の各構成要素の機能だけでなく、そもそも何が意識を生み出すのかについて考える必要があるのだが、まずは人間の脳特有の進化的発達を解剖学の面から調べることも、人間の意識の独自性を探る第一歩になるだろう。

ジョゼフ・ルドゥーが強調するように、注目すべきは認知の司令塔と言われる前頭葉だ。この脳部位は霊長類と他の哺乳類とで最も大きく異なる領域であり、ヒトと他の霊長類とを比べても、細胞、分子、遺伝子のレベルで微細な違いがある。前頭葉は知覚、記憶、言語といった高次の処理に関わるすべての領域と接続する最高中枢である。

さらに前頭葉のなかでも処理機能のヒエラルキーがあり、前頭極と呼ばれる最も前方の領域は認知機能を司る他の多くの領域から情報を受け取り、計画、問題解決、熟慮のコントロールなど抽象的な概念に関わる論理的思考に携わっていると考えられる。だがここでも、認知が前頭葉だけで行なわれているわけではないことを改めて強調する必要がある。後方の他の領域との通信やフィードバックが常に行なわれていて、たとえ前頭葉が損傷しても重要な認知能力が残ることもあるのだ。

サイズそのものは関係ないのかもしれないが、ヒトの前頭葉は他の霊長類よりも大きい。また、精密な測定結果によるとこれは単に体格の差としても説明できるようだ。それよりも重要なのは、脳をつくる細胞の構造の違いだろう。前頭葉の新皮質組織は六つの層に分かれており、そのうちの一つの層には顆粒(かりゅう)細胞という独特の細胞がある。霊長類だけが前頭葉のこの層に顆粒細胞をもっており、ゆえにここで特別な処理が行なわれていることが示唆される。

さらにヒトの前頭葉は細胞の配置が他の動物と異なり、細胞層間の結合度も、代謝やシナプス形成に関連する遺伝子発現のパターンも異なる。また、ヒトの前頭葉の神経細胞は他の脳部位の神経細胞との接続が強い。

これについてアントニオ・ダマシオは、意識の極めて重要な側面として、脳と身体とのつながりこそが感情の源であると主張する。ごく基本的なレベルでは、自己という感覚は自分の身体とその状態を認識することから生まれる。感情を抱く身体と感情とが切り離されることはない。このつながりを裏づけるように、身体から神経系への信号伝達システム、いわゆる内受容系に関係する神経細胞には他の神経細胞とは明らかに異なる生理学的特徴が見られる。

すでに述べたとおり神経細胞は細胞体と軸索をもち、軸索とはシナプス結合を通じて離れた他の神経細胞に信号を送るための長い突起である。電線のような働きをするこの軸索は、ミエリンと呼ばれる物質により絶縁されることで周囲との余計な接触が軽減されている。ミエリンがないと、軸索の周囲の分子がその信号伝達能力に影響を及ぼしかねない。さらにその場合、シナプスで直接結合していない他の神経細胞が、軸索およびその細胞体と接触し、別の信号伝達が発生する可能性がある（これは非シナプス性信号伝達と呼ばれる）。ミエリンがあれば軸索はそのような周囲の環境から遮断される。しかし、内受容系に関連する神経細胞の大半はミエリン鞘（しょう）をもたないので、周囲からの影響をはるかに受けやすい。

内受容系が身体から直接受け取る情報と神経信号を結びつけられる別の理由としては、脊髄や脳幹といった内受容に関連する脳の領域に従来的な脳血液関門がないという点もある。この障壁がないおかげで、体内の化学的信号が神経信号と直接的に相互に作用できるのだ。

神経系の進化によって詳細な感知と中央処理が可能になったことでホメオスタシス機能が高度化し、結果として脅威や機会に対する反応が向上したことを思い出そう。

ダマシオが主張するように「感情」が自己認識という意識への第一歩であるとすれば、内受容系神経細胞の生理学的特徴は神経系の仕組みと合致して「ホメオスタシス的感情」の発達を可能にするはずだ。その結果、痛みを伴う刺激に対する本能的反応だったものが痛いという「感情」へと進化し、最終的には推論と理性に基づいてさまざまな種類の意識のなかから反応が選択されるようになる。ダマシオが強調するように、感情は「心」の現象のうち最初期のものである。外部からの刺激に対する生理的な反応であるだけでなく、自分自身の身体の状態に対する内的な反応でもあるのだ。その意味では、生物が体内の状態を調整する生理的プロセスであるホメオスタシスの延長線上にあるものだと言える。

場所細胞

意識の形成につながっていると考えられる別の生理学的要素としては、早いうちに発見された大脳の処理機能がある。1970年代、神経科学者のジョン・オキーフにより、海馬内の細胞が、生物自身の空間的位置の把握を可能にする認知のマップを作成していることが発見された。利用したのは、その生物の周囲の環境におけるさまざまな目印だ。この「場所細胞」の発見により、彼は2014年にノーベル賞を共同受賞した。

この認知マップの概念は、外的刺激とそれに対する本能的反応にすぎなかったものとの関係を意識が変えたという裏づけになる。刺激を経験している生物がその状況に物理的に存在しているのだという認識がそこから生まれ、さらに記憶と論理的思考を経て、その認識からもたらされうる多くの結果のうちの一つが生じる。作家のスーザン・ブラックモアはこう表現した。

心とは頭の中にある自分だけの映画館のようなもので、私は席に座って自分の目を通して外の世界を眺めている。そこは触覚、嗅覚（きゅうかく）、聴覚、感情に訴える多感覚の劇場。私は想像力を働かせて心のスクリーンに景色を映し出し、吹き込んだ音声を心の耳で聞く。これらの思考や印象はすべて『私の意識の内容』であり、『私』はそれらを体験するたった一人の観客だ。

ただし、映画館の喩えには限界がある。なぜなら、認知処理において起こっていることの多くは、その処理をしている心にも見えないからだ。ある有名な実験は、目が見る世界の姿を描き出す一次視覚野の一部を損傷した患者の「盲視」現象を実証した。患者には小さな盲点があり、そこにあるものは何も見えなかった。その領域に縦縞あるいは横縞の画像を映しても、患者は何の縞も見えないと答えた。ところが、縞が縦か横かを推測させると、90％近くの確率で正解したのだ。

脳内には視覚情報が伝達される数多くの経路が交わることなく存在し、なかには一次視覚野を介さないものもあるので、この結果も理解はできる。しかしここで重要なのは、目に見えない映像の性質を直感で感じ取る能力がこの患者にあることが示されたとしても、患者がその映像を意識的に認識してはいなかったという点だ。

視覚処理における並列性は他の多くの脳内処理にも見られる。実際、脳はまるで大規模な並列型処理装置のようだ。心を映画館とするなら、そこはいくつもの映画が同時に上映されるシネマコンプレックスである。このように、脳内には高次の処理を行なう領域がいくつもあるのだから、意識そのものが根を下ろす中央本部というものは存在しないのかもしれない。

それなら、日々の生活はどうやって1本の映画のように見えているのだろうか？

脳は常に大量の情報を同時処理している。これをグローバルな職場に喩える神経科学者もいるが、私はむしろコンピューターの大画面のようなものだと考える。たくさんのウィンドウが開かれていて、それぞれが異なる処理を同時に行なっているのだ。今、私は文書作成用のウィンドウを見つめているが、その右奥にはウェブブラウザが開かれている。さらにその右側にはメモ帳が開かれていて、この章に関連するメモやアイデアが書き込んである。左下にはやりとり中のメッセージや過去のメッセージを表示するメールウィンドウがあり、左上にはさまざまなストレージに保管されているファイルを一覧表示するウィンドウがいくつか並んでいる。

私は他のウィンドウの存在も認識している。今は文書のウィンドウに集中していても、他のウィンドウは確かに開いているのだ。

この場合、意識の役割については2通りの考え方がありうる。一つめは、画面上のアイテムはウィンドウが手前に映し出されて情報が前面に出ることによって意識的な思考になるという考え。もう一つは、奥にあるものを含めてすべてのウィンドウが意識の一部であるという考えだ。

哲学者のダニエル・デネットはさらに少し違った考えをする。彼の主張によると、こうしたワークスペースにあるものでも、私たちがなんらかの刺激を受けてそれに反応するまでは意識の中にも外にも存在しない。反応する瞬間にワークスペースの一部分が選択され、私たちはようやくそれを意識していると判断するのだ。

意識をこのように思い描くと、一度に多くの異なる状態になりうる量子の姿に驚くほど似ていると気づく。量子の観測をするときには多くの選択肢のなかから一つを選ぶ。その選択が行なわれるまでは、量子はどの状態にあるとも言えないのだ。

ただし、量子の仕組みが意識になんら関係していると言いたいわけではない。物理学者ロジャー・ペンローズおよびアリゾナ大学の共同研究者たちのように、量子力学が人間の意識を形づくるのに不可欠な特徴だと主張する人たちもいるが。ロジャー以外は物理学者でないこの研究チームの講演を何度か聞いたことがあるが、正直に言ってほとんど意味をなしていないと思えた。

私がデネットの考えに言及したのは、単に興味深いからというだけではなく、彼が哲学者だからという理由もある。

先に述べたように、意識がどのようにして生まれるのかという基本的な問題をめぐる議論が神経科学者だけでなく哲学者によっても進められているという事実は、意識の科学が現在いかに未熟な段階にあるかを示している。意識の謎に関しては正しい問いの立て方さえ明確にはわかっておらず（哲学はここで助けになる）、ましてやその答え方など何もわからない。脳の生理学と機能に関する知識は飛躍的に増えたが、記憶、学習、論理的思考に関連する高次の認知プロセスがどのようにして私たちに自分の存在を意識させるのかという根本的な問いは、まだ科学がその本質を捉えられていない巨大な謎の一つである。

別方向からの有効なアプローチと言えるのは、意識が人間に与えうる進化的な優位性を考えることだ。生存とホメオスタシスのために高次の認知機能を組み込んだ複雑な処理システムが進化し、その結果として感情が生まれた、という説を思い出そう。神経系による体内状態のモニタリングが基盤となり、そこから内観を通して意識が生まれ、本能的な反応でない新たな生存戦略が生み出されるのだ。

変化する環境条件に柔軟に対応するために認知マップや記憶をもとに内的な目標を立てる能力は、進化的に見て大きな飛躍であり、一部の哺乳類とおそらく鳥類しかもたないとされている。では、ヒト科の生物は他にどのような進化を経てそうした目標を脳内で認識し、環境のなかでの明確な存在意識をもち、意思決定プロセスにおいて主体であると共に客体でもあることができるようになったのか？

一つ考えられるのは、進化による言語の発生である。これについてはノーム・チョムスキーの見方が最も説得力があるように思う。生物間のコミュニケーションを目的とした言語の有用性を考えるのはごく自然なことであり、進化の観点から見れば言語が初期のヒト科の社会集団に生存上の優位性を与えたことはほぼ間違いない。しかしチョムスキーはそれだけでなく、言語は思考を生成する神経回路の一部として進化し、言語こそが現代の人間の認知、内省、自己認識を可能にしたと主張する。身体の内部で生成される思考は、ときに感覚・運動媒体を介して外在化しコミュニケーションに利用される。

言語をもつ私たちにとって、言語の生成プロセスなしに思考を構築することはほぼ不可能に思える。自分の思考の中身は言語によって形づくられるまでわからないのだ。

言語と思考との生成的なつながりを主張するのはチョムスキーだけではない。実際、体外との入出力を重視する行動主義が台頭するまで、言語と思考は本質的に区別できないというのがむしろ標準的な見方だった。

また、言語が生成されるメカニズムと、のちにコミュニケーション形態としての言語表現へ発展することとの区別は微妙なものなので、それを適切に説明するのは難しい。神経学者で作家のオリヴァー・サックスは、「子どもが自分のなかで概念や意味を発達させるのは内なる発話を通じてであり、自身のアイデンティティを確立するのも内なる発話を通じてである」と述べた。彼が認知における言語の重要性を示していることは確かだが、「内なる発話」は本当に適切な表現だろうか？言語の生成過程で心がつくり出しているのは、声に出さないだけの発話以上のものだ。

心理学者のスティーヴン・ピンカーは、「言語は人間の本質を覗く窓である」という表現で、言語と私たちの人間性そのものとの根本的な結びつきを強調する。ダン・デネットは、「言語を加えたときに得られる心の種類は、言語を加えずして得られる心の種類とあまりにも異なるので、両者を同様に心と呼ぶのは間違いである」と主張する。こうした考え方を端的に表すならこうだろう――言語がなければ心というものは存在せず、ただの脳なのだ。

私がこの考え方に強い説得力を見出す理由は（特に、これまで紹介してきた意識の議論に照らせば）、言語が論理的思考にもたらす飛躍的進歩と意識が行動にもたらす飛躍的進歩とが類似していることにある。言語は新たな認知状態を、意識は刺激に対する反応を、無限に思える柔軟性をもって生み出すのだ。

チョムスキーやピンカーなどの認知科学者が強調するように、計算論的な観点から見れば、単語を組み合わせることでそれまで話したことも考えたこともない文章をつくれるようになるというのは認知機能における巨大な進歩であり、最も重要な進歩とさえ言えるのではないだろうか。言語を通して覗き込めば、私たちの脳に刻まれている詳細で定量的かつ論理的な精神のアルゴリズムが見えるのかもしれない。

意識は行動に同様の進歩をもたらす。意識は、自己を主体であると同時に客体として理解し、自分の身体の状態と周囲の環境の状態を内的に表現し、目標を立てて、それによる内的・外的な結果を予測する力をもつ。こうした意識は、私たちの生活のなかの各瞬間に対する行動的反応の選択肢を無限に提供してくれるようだ。

この選択肢を自由意志の文脈で語りたがる人もいるが、それは厄介なだけで特に有益でもない問題に不必要に足を突っ込むことになると思う。私たちに自由意志があるのかどうか、あるいは自由意志があるように見えるかどうか（物理学の観点だとこういう議論になる）は重要な問題ではない。重要なのは、70億人の異なる人間が似たような外的環境の圧力を受けたときにも、70億通りの人生を反映しているような異なる行動を取る可能性がある、ということだ。

自分は存在するのか

意識の本質と起源を探るために、実験生理学の領域を出て、理論神経科学、さらに今のように哲学的推論の領域に入るとき、私たちは避けられない難題と向き合うことになる――自己という概念である。

仏教徒はもちろんのこと、多くの認知科学者も自己は幻想であると主張する。確かに、脳について私たちが知る限り、心のカーテンの裏で糸を引く魔法使い、つまり一人ひとりの心のなかの根源的な「自分」というものは存在しないようだ。少なくとも脳の処理機構は分散型であり、情報を流す複数のルートと複数の処理センターを備え、多くの入力を加えることで私たちが意識しない認知状態を変化させている。

１９８５年、神経科学者のベンジャミン・リベットはその学問分野を揺るがす実験結果を発表した。リベットは被験者たちに、テレビ画面に映された時計の文字盤の縁を回って移動する点を観察し、握った手を開こうと決定した任意の瞬間の点の位置を記録するよう指示した。被験者の頭皮には電極を貼り付け、行動を起こす前の脳活動の開始を示す準備電位という信号が徐々に増加するのを測定した。その結果、意識的に行動を決めるのは実際に行動に移す約２００ミリ秒前だが、準備電位の信号はそれよりもさらに約３５０ミリ秒早く、実行のほぼ０・５秒前に発生していることがわかった。

多くの科学者や哲学者がこの結果の哲学的な意味を論じたが、現実面から考えればその意味は明らかである。意識は氷山のようなもので、私たちが体験している意識は水面上に出ているごく一部なのだ。水面下でも膨大な量の脳内処理が行なわれているのである（どの程度の量なのかはわかっていないが。少なくともショーン・ヘガティによる研究が、リベットの実験結果に見られた行動までの時間差の大部分、あるいはすべては神経伝達の速度が原因かもしれないと示していることは注目に値する）。

ウィリアム・ジェームズの言う「意識の流れ」は認識可能な意識の最終産物であるかもしれないが、多くの神経科学者は人生という映画の主役でありつづける「自分」をその場しのぎの概念とみなす。心は、イメージ、知覚情報、論理的根拠を（ときには事後に）まとめ、私たちが筋の通った一つの物語として理解し自己認識と表現するものをつくり出す。脳は自らの仕事をこなすが、その進行を管理し監督するものは外部にも内部にもいない。

スーザン・ブラックモアは、自己を幻想とする考え方は18世紀の哲学者ヒュームまで遡るとし、ヒュームの議論についてこう説明する――「自己とは実体ではなく、むしろ『知覚の束』のようなものである。経験の集合体である人生は、一人の人間にのみ属しているように思えるが、実際には記憶やその他の関係によって結びつけられているのだ」。

この考え方をさらに掘り下げてみよう。もし私たちの経験する物語が、心の創造物であると同じくらいに現実を真に反映したものだとしたら、自己だけでなく現実そのものも幻想だという主張ができるかもしれない。経験の内容は個人の認知機構の枠組みによって決まる、という演繹的かつ合理的な予想を大げさに表現したものとも言えるだろうか。

認知科学者のアンディ・クラークと神経科学者のアニル・セスは、脳が紡ぐ物語は外部から受け取る情報と同様に記憶体験から生み出される予測にも基づいていることから、意識的な知覚は「制御された幻覚」であると主張する。そうとなれば、オリヴァー・サックスが著書『Hallucinations』（邦訳『幻覚の脳科学——見てしまう人びと』早川書房）のなかで述べた、「幻覚とは、それを体験する人にとっては現実である」という言葉の重要性を改めて考える価値があろう。

結局、どういう姿勢でいればいいのだろうか。ブラックモアが言うように、「自分が意識や自由意志をもつ実体であるという考えや、特定の肉体の命を生きているという考えを完全に捨て去る」必要があることを認めなければならないのか？　その代わりに、「『自己』という言葉は便利ではあるが、現実に存在しつづけるものを指すわけではなく、単なる概念や単語に過ぎないと受け入れる」べきなのか？

私にとってこの考え方には、本書の冒頭で言及した「時間は幻想かもしれない」という主張以上に説得力も有用性も感じられない。重要な面接に行くための電車に乗り遅れたばかりの人に向かって、そのセリフを言ってみればいいのだ。同じように、誰かにすねを蹴（け）られたばかりの人、恋人に裏切られたばかりの人に向かって、自己なんて幻想なのさと言ってみればいい。

自由意志もまた幻想なのかもしれない。実際、意思決定は私たちが行なっているつもりよりもずっと前に脳が行なっているのだと示唆するリベットの実験結果について、自由意志という概念を完全に葬るものだと解釈する声もあった。しかし私たちが生きている世界は、あらゆる面において、自由意志が存在しない世界とは区別がつかない。つまり、自由意志が存在するように振る舞うことに実際的な意味はあるのだ。同様に、意識が生み出す自己が幻想だとしても、意識が私たちという存在を形づくっているのなら、心から自己を追い出そうとしてもそれは実りのない行為で、現実世界について深い気づきをもたらすことはないだろう。結局のところ、現実世界への入り口となっているのは意識なのだから。

要するに、私たちは手持ちのカードで勝負するしかないのだ。人間の認知に対して科学的アプローチを取るなら、内的な精神状態に関する限りで言えば自己認識は外界に対する認識と同等に現実のものであり、後者を理解しようとするうえで前者の実在性を議論することは生産的でないかもしれない。

心に関する限り、意識によってつながれている「自己」と「現実」は切り離せない関係にある。重要なのは、意識が両者に関する経験をどのようにつくり出すのかである。この厄介なほど複雑だが根本的な問題こそ、宇宙における私たちの存在に関するあらゆる謎と同様、私たちに挑戦を投げかけつづけているのだ。

最新の神経科学が教えてくれるのは、自己とは脳と身体の複雑な相互作用の産物だということ。それは神経作用によって刻一刻と更新されており、その瞬間のつながりが継ぎ目のない人格感を与えているということだ。自己は幻想であり、自然の精巧なトリックだという話もよく耳にするが、この主張は根本的な部分がぼかされている。自己が幻想にすぎないのであれば、トリックの対象となる『私』はいないわけで、幻想を抱く主体すら存在しないことになるのだ。

アニル・アナンサスワーミー『The Man Who Wasn't There』（邦訳『私はすでに死んでいる——ゆがんだ〈自己〉を生みだす脳』紀伊國屋書店）

ある機械の仕組みを本気で知りたいと思ったら、ときにはうまく働かない部分を見つけだして修理してみる必要があるかもしれない。人間が自然から授かった手だけでは自分と他者の意識のすべてを科学的に調べることはまだできないが、自然は他と少し違った機械をつくることもある。そんな機械は、通常なら見ることのできない意識の側面を探るための裏口、いやむしろ、バックミラーを与えてくれる。

アニル・アナンサスワーミーが著書のタイトルの着想を得たコタール症候群という病気を患う人は、自分はもう死んでいる、頭のなかの「私」はもはや存在していない、つまり自分はもう存在しないのだ、と思い込むことがあるという。アナンサスワーミーや神経学者のオリヴァー・サックスがすばらしい著書や論文で論じている多くの不可思議な疾患の症状と同様、本当にそういった意識を抱く人がいるとはにわかに信じがたいが実際にあるのだ。このように自己の感覚を失った患者をさまざまな方法で調べることによって、自分が確かに存在していることを私たちが感じるプロセスについて何か学べるはずだ。

コタール症候群のような珍しい病気だけでなく、自分が自分でないように感じたり自分の行動をコントロールできなくなったりする統合失調症、人格や記憶、やがては人間性を失っていくアルツハイマー病、多くの人が社会的なやりとりのなかで本能的に行なっているように他者の心を「読む」ことができない自閉スペクトラム症などの病気や障害も研究の対象になる。

たとえばコタール症候群の場合、前頭葉とその後ろの頭頂葉に関連するさまざまな領域の活動が著しく低下していることが脳スキャンを用いた研究で明らかになっている。つまりこのネットワークが認識機能に関連していることが示唆され、二つのサブ領域が感覚を通じた外界の認識に、一つが精神状態を含む体内の状態に関係していると考えられている。

さらに同研究では、この前頭頭頂ネットワークと、比較的離れた脳部位である視床との間の神経伝達が、刺激に対する反応の促進から認識能力に至るまでの幅広い機能に寄与しているという証拠も得られた。これらの領域における代謝活動の低下がコタール症候群患者の自己意識の低下と結びついている可能性が示されたのだ。

また、別のコタール症候群患者には前頭側頭葉の萎縮が見られ、特に島皮質と呼ばれる深部領域の萎縮が大きかった。ここから、島皮質が身体の状態に対する主観的な知覚（自己感覚に欠かせない要素であることは明らかだ）に寄与していると考えられる。

自閉スペクトラム症の場合、他者への共感が難しい原因として、自分の身体の状態および外的環境との相互作用を認識する脳の領域との関連性を示す研究がある。このために自己意識が希薄になり、それが行動上の問題を引き起こすと推測されている。

自己の感覚が著しく低下している人の神経活動を健康な人の脳のスキャン画像と比較することで、機能喪失の原因となる脳回路を突き止めるための新たな手がかりがもたらされてきた。それで認識や自己感覚を生むメカニズムを直接解明することまではできないが、有用な実験データを得ることはできる。実際、意識の根底をなす物理的なメカニズムの解明を期待するのは無理があるかもしれない。

ノーム・チョムスキーと話したとき彼は、「意識のハードプロブレム」を解決しようとすること、つまり夕日を眺めるときの「気持ち」を解明しようとすることは見当違いなのかもしれない、と語っていた。意識のハードプロブレムに対してチョムスキーが言及したのは、17世紀に経済学者で科学者のウィリアム・ペティが提起した科学の「ハードロック」である。物理的に構築可能な（少なくとも原理上は）機械を用いて物体の運動を説明する方法を見つける、という難問をペティはそう呼んだのだ。のちにニュートンなどが世界の仕組みは数式で直接的に説明できるということを発見し、この〝岩〟はうまく迂回（うかい）された。しかし、ニュートンおよびその時代の他の科学者でさえ、やはり数字だけでは不十分だと感じていた。

本書の別の文脈のなかで述べた考え方もこれに似ている。マクスウェルの電磁気学方程式についてはすでに説明し、そのすばらしさを称えさせてもらったが、それでも本人は車輪や滑車などの機械をモデルにした物理的な表現で方程式を成り立たせる方法を提示しつづけた。だがそうした表現ははるか昔に廃れ、現在ではマクスウェル方程式のみで電磁気学のすべての現象を説明するのに十分だとして受け入れられている。

４００年の時を経た現代の物理学界では、ニュートンとマクスウェルの数式、特にマクスウェルの数式は予想しうる物理の世界に最も近い姿を反映していると認められているのだ。おそらく最終的には、花の匂いを嗅（か）いだときの気持ちといった「ハードプロブレム」は脇に置かれ、意識は特定の物理的メカニズムによって表現せずとも、経験的知識に基づいた数学理論で説明できれば十分だという理解に落ち着くのではないだろうか。

知的でも人工的でもない人工知能（ＡＩ）

以前、私が所長を務める大学研究所で「パターン処理および知能の起源と未来：脳から機械へ」と題したワークショップを開催した。神経科学者とコンピューター科学者を集めて互いから学びを得てもらうという企画だ。具体的な目的は、コンピューター学習の向上に加え、コンピューターを用いた実験によってどんな神経処理が明らかになりうるかを考えることだった。

コンピューター科学者たちが興味をもっていた問題の一つは、創造性と精神疾患の関係だった。神経処理に障害がある事例から明らかになったことを取り入れて、開発するロボットに応用するというわけだ（本企画で私はジョニー・デップとの対談の場を設けさせてもらい、このテーマについて話し合った。優れた役者である彼は、私生活でも仕事でもときに創造性と精神疾患との間を行き来してきた。ワークショップの様子は今もオンラインで公開している）。

しかし、既存のシステムから学べることは限られている。かつて、物理学者のリチャード・ファインマンは私にこう言った――「何もできない者は何も知らない」。この言葉の意味は、彼の死後に黒板に書かれているのが発見された、より有名な言葉のなかに説明されている――「私が創造できないものは、私には理解できない」。

これを今論じている文脈に当てはめると、すでに出来上がった機械を調べることは役に立つかもしれないが、自分たちの力で素材をゼロから用意し、すでに描かれた設計図などなしにつくり上げることができなければ、結局その仕組みは理解できない、ということだろう。意識に関して言えば、もし本当に私たちが自分の意識に囚われた存在であるなら、意識の起源を確実に理解する唯一の方法は、意識をもつ機械をゼロからつくることかもしれない。

果たしてそれは可能なのか、実現すれば世界にどんな影響を与えるのか、これらについてはさまざまな意見がある。そのほとんどは、人工知能（ＡＩ）と呼ばれるテクノロジーの進歩をもとにした考えだ。

私は以前から人工知能という言葉が好きでない。というのも、開発が進むその技術には、人工的な部分も知的な要素もまるでないと思えるからだ。現在ＡＩと呼ばれているもののほとんどは機械学習システムの一種である。機械学習をするとき、コンピューターは膨大な量のデータを読み込む。現実のデータも架空の情報に基づくデータも日々増えつづけているので、インターネット企業はデータから「学習」するソフトウェアやハードウェアの開発を支援する必要に迫られている。つまり、新しく入力されるデータに対し、過去に収集した膨大なデータを活用することで対応できるシステムである。

機械が大量のユーザー情報を利用し、適切なタイミングで適切な場所に広告を出したり、投票行動に最も効果的に影響を与える場所に偽のニュース記事を配信したりできるようになったことで、経済と政治の両面において成功も失敗ももたらされてきた。身近なことでいえば、一時停止の標識と歩行者、自転車と木々を区別できる自律走行車の開発を目指す取り組みなどだろうか。これも今のところは成功例と失敗例があり、確かに知能をもっているような走行が実現したケースもあれば、誤った計算が悲惨な結果につながった例も数えきれない。

こうした開発の大半に用いられるのは、ニューラルネットワークと呼ばれるアルゴリズムである。初期の研究者たちが脳の学習機構を模したつもりのモデルだ。この種のネットワークは基本的に試行錯誤によって「学習」する。さまざまな結果につながる接続経路を一つひとつ探っていくのだ。その成果に応じて接続アルゴリズムを最適化し、実行が重ねられるたびに望ましい結果を導く経路がより強く重みづけされる。

こうしたソフトウェアとハードウェアの開発は、システムを調整する私たちの能力をはるかに上回るペースで進んでいる。限界を迎えるとされた時期を過ぎてもムーアの法則［半導体の性能が18

カ月で2倍になるという法則」が生きつづけていることが一因だろうが、新しいハードウェアの登場による部分もある。

結果としてニューラルネットワークは以前より動作の効率が上がってエネルギーコストも激減し、限られた範囲の複雑なタスクなら人間の脳よりもはるかに優れたパフォーマンスを挙げるようになっている。このシステムを用いれば、やがてコンピューターはすべての囲碁棋士を打ち破り、X線画像などを多くの医者よりも正確に解析できるようになるかもしれない。魔法のような話だが、こうした機械が人間の能力を超えはじめると、人間によるコントロールが通用しなくなるのではないかという懸念の声も当然ながら出てくる。

このシステムは基本的にブラックボックスであり、一方から課題や質問を投げかければもう一方から結果が出てくる。そのプロセスを説明する論理的な分析は明らかにならないので、理由を理解したうえで結果を受け入れたい私たち人間にとっては、たとえ結果が正しくても安心できないかもしれない。

たとえば、ニューラルネットワークで動作する医療診断マシンが、あなたがそれまでに受けた多くの検査結果を入力データとして治療方針を示したとする。だが、その治療がうまくいく理由を、主治医も含めて誰もわからないとしたら、あなたはその治療方針に従おうと思うだろうか?

新たな機械の能力がどれほどすばらしく思えても、人間の脳内で起こっている(と少なくとも想像される)ような「思考」に近いことをしているとは決して言えない。多くのデータを短時間で選別する能力は人間のものとは桁違いだが、実際にデータを処理する能力は、人間の脳の処理能力に比べればはるかに劣るのかもしれない。

現在のコンピューターの電子計算能力の範囲内で思考能力と自意識をもつ機械をつくることがどれくらい難しいか知るために、まずエネルギーの問題を考えてみよう。

私は数年前、人間のものに似た意識を生み出すのに必要な（ただし必要最低限かもしれない）レベルの記憶力と処理能力を実現するには、10テラワットほどの電力が必要になる、という試算を目にした。今ならこの数字は軽く数桁ほど小さくできるのだろうが（実際、これを書いた直後に、脳の短期記憶を模した「ニューロモーフィックチップ」のさらなる進歩を知った。この技術を用いれば、ＡＩアルゴリズムのエネルギー消費を3桁は減らせるだろう）。それでも大差はない。

人間の脳の消費電力は約20ワットで、私が今これを書くのに使っているノートパソコンが消費する電力よりも小さい（このＭａｃのほうがＷｉｎｄｏｗｓより賢いかもしれないが、どちらも自意識の獲得には近づいてさえいない）。10テラワットと20ワットを比べればその差は1兆だ。つまり、たとえその差が現在は1億まで減っているとしても、脳と私のパソコンとがまるで異なることをしているのは明らかだ。

ある側面では、ニューラルネットワークは確かに人間が意思決定を行なう際の神経処理を模倣しているのかもしれない。私たちが決定を下すときに意識されるような思考に似ているとは「感じられない」が、意思決定の多くが水面下で行なわれていることはすでに説明したとおりだ。それでも、機械が自らの行動に対してなんらかの「認識」をもっていると言う人はいない。

アントニオ・ダマシオやジョゼフ・ルドゥーなどの進化論的な議論によれば、ニューラルネットワークで動作する機械がどれほど高速化かつ複雑化しても、そこに意識が芽生えるとは考えられないという。私たちの意識を主に形づくるのは、自分の体内の状態をサンプリングし感知する能力である。ダマシオの言葉を借りれば、重要なのは感情だ。感情が生まれたのは、複雑な神経系をもつ生物のホメオスタシスを維持するためである。感情は人間の知性の発達において欠かせない要素だった。たとえ未来のロボットに自意識が備わる可能性があるとしても、常に調整が必要な「身体」がなければならないとダマシオは主張し、こう述べている。

「機械がその身体で『感じる』内容は、周囲の状況に対する反応を左右するだろう。そのようにして反応の質と効率を向上させていくのだ」

感情という枠を超えても、私たちの脳は40億年にわたる地球上での生物の進化を反映している。他の多くの哺乳類の神経機能と比べればはるかに発達しているとはいえ、進化の構造は共通している。ヒト科動物の進化は、神経という〝車輪〟を新たに発明したわけではない。スポークを加え、タイヤの模様を変え、おそらく駆動機構を改良したのだ。

感情を生み出す脳

ルドゥーが主張するように、人間の感情を生み出しているのは私たちの脳がもつ独自の能力であり、その能力をもたらしたのは言語、論理的思考、内観機能の発達といったヒト科の祖先の進化である。この神経回路を発達させた枠組みは、当時すでに数十億年前から生存行動に基づいて続いていた進化によっておおかた確立済みだった。この発達は決して些細(ささい)なものではないが、最初の枠組みが必ず土台にあるのだ。ルドゥーはこう述べている。

したがって、人間の脳の非意識的機能の遺産を理解することは無意味な慰めではない。人間およびその他の動物の行動を理解するために欠かせないことである。（中略）生存のための脳回路と行動が巧妙に実行する普遍的な戦略は、私たちを生命の歴史全体と結びつけている。（中略）その全貌を知ることによってのみ、私たちは自分たちが何者であるか、いかにして今の自分たちになったのかを真に理解することができる。

ここで浮かぶ大きな疑問は、機械のなかに意識を再現するためにはこうした進化の歴史も必要なのか、という点である。人間の脳は階層的な構造をもつ。後脳の上に前脳と中脳があり、さらなる別の層がタスクをこなしながらシステム全体を通じて情報を伝達し合い、同時に身体の感覚情報の流れや調節とも密接に結びついているのだ。このような階層的構造をもたないデバイスが意識を得ることはできるのか？

この疑問は時間が解決してくれるだろう。量子コンピューティングを基盤とした、まったく新しい計算装置が必要になるかもしれない。私自身は、どれほどの困難があるとしても、自意識をもつ機械の誕生を妨げる根本的な障害はないのではないかと考えている。

多くの人にとって、これはなんとも恐ろしい話だ。映画『ターミネーター』のロボットのようにシステムが暴走して世界の破壊を試みないように、SF作家アイザック・アシモフの「ロボット3原則」のようなものをAIのアルゴリズムに課す方法について話し合う会議がすでに開かれている。私は著名な哲学者たちによる講演にいくつも出席し、彼らが「人間の普遍的な価値観」をAIにもインプットする必要性を説くのを聞いてきた。だがそんなことはまず不可能だと思ったし、今もそう思う。「人間の普遍的な価値観」がなんであるかはわからないが、一つ確かなのは、歴史上の人間の行動に関する既存のデータを現在の処理システムですべて読み込んでも、機械はその価値観を学ばないということだ。そんな機械のプログラミングは、「do as I say, not as I do（私のすることを真似るのではなく、私の言うとおりにせよ）」のことわざどおりに進められるのかもしれないが、その「do（する）」を誰がインプットするのかという疑問が生じる。

事態が悪い方向に向かうシナリオはいくつでも思い浮かび、ＳＦ作家や未来派主義者、哲学者たちもさまざまに想像を膨らませてきた。しかし私は、いくつかの安心要素を見出している。

第一に、各時代のＳＦ作品は人類の進化のうち最もおもしろい部分を見落としている。若いとき、私はＳＦ作家や未来派主義者の影響で、きっと今頃は車が空を飛んで宇宙旅行が人気なのだろうと信じていた。今実際に私が生きているのは、かつて誰も想像しなかった、あらゆる面でインターネットに支配されている世界だ。インターネットは、人類の歴史上最も根本的にと言ってもいいほどに、コミュニケーションと情報処理の両方を大きく変容させた。ＳＦと科学的発見には本質的な違いがある。前者は現在に基づいて未来を推定するものであり、後者は新たな現在を創造するものである。

第二に、自我をもって自らをプログラムするコンピューターが誕生して全人類の知能を超える「シンギュラリティ」が目前に迫っている、という主張はすべて非現実的に聞こえるからだ。シンギュラリティはまだ近くない。コンピューターが人に囲碁で勝つことはできるが、多くのロボットはまだ洗濯物さえうまくたためないと聞く。また、最も高性能の深層学習プログラムであっても、現実世界における実際の意識機構の仕組みとはなんの共通点もないかもしれない。認知能力をもたらすために必要な計算をニューラルネットワークだけで実現できるのかどうかという問題は、まだ議論の余地がある。ペンローズらが細胞レベルでの計算を考える動機の一つでもある。

ファインマンも量子コンピューターの概念について考えをめぐらせていたが、それはコンピューターの計算能力向上に貢献しそうだからというだけではなく、少なくとも部分的には、量子コンピューターが量子力学について何か明らかにするかもしれないと興味をもったからである。奇妙で不思議な量子世界の特徴を直接利用した計算を行なう装置が、時代遅れの古典的解釈に頼ることなく、その世界をより直感的に理解するための新しい知見を与えてくれるかもしれない。今後どんな知能が、まったく異なる種類の神経モデルに基づくのかもしれない新たな知能が、私たちに何を教えてくれるだろうか、その可能性に私は心惹かれる。そしてそんな知能は、どのような物理学の謎に惹かれるのだろうか。今は既知の未知である問題に対して、いかなる答えを導いてくれるのか？

少なくとも、その知能を備えた機械が開発されれば意識に対する私たちの理解が一変し、人類が抱える巨大な謎のうちの一つが解明される可能性はある。

確かに、人間以外の認知能力を備えた存在が中心となる世界はこれまでとは異なる世界だ。だが、それはほんとうに今より悪い世界なのか？　機械が多くの仕事を人間よりうまくこなせる未来は、それほど恐ろしいだろうか？　人間にとっては読書や芸術鑑賞など好きなことをする時間が増え、社会の他の部分は知能の高い機械が動かしてくれる、そんな未来は無条件で悪いものだろうか？

もちろん、生産性が向上し持続可能なインフラを備えた未来の世界が全人類に平等に恩恵をもたらすというのは甘い考えだろう。真に自律思考をする機械を最初に開発した人たちが経済面で圧倒的に有利な立場に立つかもしれないし、歴史を顧みるなら、富と資源がさらに少数の人や組織に集中することになりかねない。それでも、希望は忘れずにいたいものだ。

自意識をもつ機械が開発された場合にもたらされる最大の変化として私が予想するのは、意識についての新たな理解が人間であることへの理解を変えるという影響だ。人間が生物として支配権を維持するためには、こうした新しいテクノロジーの一部を自分たちの機能や活動に取り入れる必要が出てくるかもしれない。それによって新しいハイブリッド型の生物が誕生するかもしれない。しかし、それがスタートレックのボーグのような種族だとは限らない。

フェニキア文字から派生した文字は紀元前9世紀に古代ギリシャに導入され、その後数百年にわたって発展を続けた。これを文明の終焉、とりわけ文学と演劇の終焉とみなす者もいた。プラトンは文字が知恵の妨げになると批判し、文章が真実のすべてをとらえることはなく、いたずらに知識の幻影を広めるだけだと主張した。さらに、文字があれば記憶が不要になってしまうとも訴えた。ソクラテスもまた文字について懐疑的で、文書に対しては質問も反論もできないことから、文面だけで対面ほど明確なコミュニケーションは決してできないと主張した。

こうした不満は遠い時代のものだと思えるだろうが、現代のデジタルコミュニケーションの文脈で考えれば身近にも感じられる。どうせ検索すれば出てくるのだから、人間はもう何も覚えなくていいし細かいことを考える必要もないんだ、とぼやいたことのある人は少なくないだろう。あるいは、短いメッセージのやりとりやツイートが人間関係の質を低下させ、特に読み書きの能力を落としている、という懸念もある。

人工知能と呼ばれるものは、当時の文字がそうであったように、人類の進歩に伴って自然と生まれた副産物である。人間の発明であるテクノロジーは世界を変えるが、テクノロジーと共に人間も変わることが求められる。これは、人間が人間である限り昔からずっと続いてきたことだ。

ＡＩと生きる未来は、今よりもいいものかもしれない。結局のところ、現代を生きる人のほとんどは、本を読める世界のほうが、文字が本をもたらす前の世界よりもいいと思うのではないだろうか。

宇宙に関する謎があといくつ残されているのかわからないのと同じように、これからどんな未来が訪れるのかはわからない。それを受け入れることによって、どんなときも過去よりおもしろい未来を迎えられるのかもしれない。

おわりに

「それが夢のような出来事であれ、悪夢のような事態であれ、私たちは自らの経験をありのままに、目を覚まして生きなければならない。私たちが住むのは、隅々まで科学が浸透した、完全かつ現実の世界である。なんらかの立場を取ったからといって、この世界をゲームに変えることはできない」

ジェイコブ・ブロノフスキー

人類がすべての謎の答えを手にしているわけでないと受け入れることは、科学の始まりであると同時に、知へと続く道のりの第一歩である。もうしつこいと思われているかもしれないが、世の中の言説が合理的な探究よりもむしろイデオロギー的な信念にますます支配されているこの時代だからこそ、繰り返し言う価値があるのではないだろうか。

イデオロギーが科学に入り込んでくると、経済的、政治的、宗教的な目的を果たそうとする者たちによって、人々の間にどうしても存在する知識の差が利用されかねない。

科学では愛を説明できないとか、科学はあの現実やこの現実を決して正確には表現できない、とはよく言われる。なぜなら科学研究を行なう個々の人間には、アイデンティティ、政治思想、富、地位など、何らかの面で欠点があるのだからと。真の進歩を達成するなら、そんな科学者たちの関与をなくすか無視しなければならないのだと。

これは純粋で単純なゲームだ。科学ではあれこれを決して説明できないという主張には、とんだうぬぼれが潜んでいる。なぜなら、人類が決して知りえないことを特定するのに十分な知識が自分にはある、ということなのだから。同様に、科学研究に携わる価値がある人間とない人間を決める権利が誰にあるというのか？　科学は弁証法を通して進み、すべてのアイデアは議論と攻撃の対象になり、優れたもの以外は排除される。個々の科学者のこだわりを超えた目標が科学界全体にあるからだ。

左派は社会正義を、右派は頑（かたく）なな保守を目的として、評論家も政治家も自分は他の人たちにとって何が最善なのか、現代の社会悪の原因か、正確に知っていると主張する。懐疑的な質問をしたり実際のデータを調査したりすることなしに、なんとなく知った気になっているのだ。

懐疑的質問とオープンな探究における最後の砦であるべき大学でさえ、ポリコレ（政治的正しさ）に関わる問題や、何が言えるか、それを誰が言えるかを決める制度的悪によって、ますます過重な負担がかかっている。

悲しいことに、発言に対して疑問を投げかける力は学習への関心の表れであり科学的検証の大きな特徴でもあるが、相手に不快感や疎外感、被害者意識を与える懸念が最優先されるとその力を封じ込めてしまうこともある。

とはいえ、私の主な関心事は大学のあり方ではない。このエピローグの冒頭に憧れのジェイコブ・ブロノフスキーの言葉を載せた理由は、私にとって科学が重要だからである。科学のおかげで私たちが自然界および自分自身を深く理解でき、生活や環境を改善する技術が生まれ、未来の姿がより正しく予想されることを大切に思っているからだ。

４００年にわたる近代科学の進歩の結果として、私たちの今がある。しかし、ここから行き着く場所は、既存の知識をどう使うかだけでなく、私たちを取り巻く世界に対する新たな理解をどのように構築するかによって変わってくる。

そのときに、現在の限界を認識することが極めて重要な第一歩となる。科学の最大の強みはおそらく、不確実性を定量化する、つまり、何がわからないのかをはっきりさせることによって、自然界における知識不足の影響をコントロールできるという点だろう。ふだんからよく言っているが、わからないことがあるからといって、神や人間に欠陥があるというわけではない。ただ、わからないというだけだ。そしてそれは、探究と学びへの招待状となるべきである。

謙虚かつ誠実であるためには知識の限界をはっきりさせなければならないが、それを恥じるべきではない。むしろ喜ぶべきだ。まだこれから壮大な謎が解き明かされていくのだと。

本書の冒頭で述べたように、知識の限界にフォーカスすることで、人類がこれまでにどれほど進歩してきたかを語れるだけでなく、未来への道標もいくつか示すことができる。

リチャード・ファインマンの著書『The Character of Physical Law』（邦訳『物理法則はいかにして発見されたか』岩波書店）を10代のときに読んだのをよく覚えている。それまでも科学に興味はあったが、この本を読んで初めて、物理学において本当におもしろい問題は、まだすべてに対する答えが出ていないということなのだ、とはっきりわかった。それが私への招待状となり、次のステップに進むための課題と機会を与えてくれた。

私が今書いているこの本が若い誰かに同じほどの影響を与えることはないかもしれないが、そうあってほしいという気持ちはある。実際、そのために書いた本なのだから。

謝辞

本書が生まれたのは、イギリスの敏腕発行人アンソニー・チータムが、受け入れずにいられない挑戦を優しく投げかけてくれたからこそだ。彼が率いるヘッド・オブ・ゼウス社からはすでに著書を2冊出させてもらっているが、本書の制作においても彼とスタッフたちには忍耐強く、しつこいほどに対応してもらった。私は彼らのそうした姿勢のいずれにも感謝しており、完成したこの本が期待に応えられていることを願う。アメリカでの出版元であるポスト・ヒル・プレス（前著もここから出させてもらった）で本書を担当したアダム・ベローにも多くの知恵を原稿に加えてもらい、同社の原稿整理編集者であるアンドリュー・ホーガン、ヘッド・オブ・ゼウスの原稿整理編集者であるミランダ・ウォードなどの人々が本書をよりよいものにすべく尽力してくれた。

本書で論じる内容の多くは物理学者である私の専門分野と重なるが、長年にわたって私は他の分野を研究する多くの仲間との議論や彼らの著書から大きな恩恵を授かってきた。彼らのおかげで理解が深まり、思考が刺激され、誤解に気づかされることもたびたびあった。そうした仲間の名前を挙げれば、アンドリュー・ノール、ノーム・チョムスキー、リチャード・ドーキンス、ジョゼフ・ルドゥー、スティーヴン・ピンカー、イアン・マキューアン、ジョージ・チャーチ、ナンシー・ダール、ジョン・サザーランド、ジョナサン・ラウチなど数多い。さらに、ノーム・チョムスキー、リチャード・ドーキンス、ジャナ・レンゾヴァ、ニール・ドグラース・タイソンには初期段階の原稿を読んでもらってたくさんの貴重な提案をいただき、最終バージョンに反映させた。彼らの寛大さ、友情、知恵をありがたく思う。最後に、多くの仲間や学生たちがいつも私の理解を促進し、変化させ、しばしば正してくれること、そして、私の興味関心を導き、この世界に眠る既知の未知を探究しつづける意欲を与えてくれることに感謝する。

訳者あとがき

真冬にバスを待つ時間を実際より長く感じても、そこで相対性理論の数式が頭をよぎることはないし、星を見上げることはあっても、その直径や地球からの距離に思いをめぐらせることはまずない。そんなごく普通の人でも、いざ「ブラックホールに吸い込まれたらその後はどうなるのか？」「意識はどこから生まれている？」などと問いかけられれば、好奇心は確かに頭をもたげるだろう。この本の巧みなところは、そんな易しい言葉の重力で興味を惹きつけ、一歩足を踏み入れてみた読者をとらえてサイエンスの奥深くへと引きずり込んでしまうことだ。それも当然、著者は科学啓蒙の大ベテランなのだから。

１９５４年にニューヨーク市で生まれた著者のローレンス・マクスウェル・クラウスは、マサチューセッツ工科大学で物理学の博士号を取得後、ハーバード大学での特別研究員を経て、イェール大学で「詩人のための物理学」講座を長年担当した。38歳でケース・ウェスタン・リザーブ大学にて天文学教授として物理学科長に就任し、その後もさまざまな大学で教壇に立った。その精力的な研究活動の分野は素粒子物理学から宇宙論まで幅広く、２０１９年に65歳で大学職を退くまでに発表した論文は３００本を超える。その功績を称え、アメリカの三大物理学団体とされる米国物理学協会、米国物理学教員協会、米国物理学会のすべてが彼に賞を与えている。なかでも、宇宙の加速膨張を引き起こす「ダークエネルギー」の存在を観測による実証の3年前に提唱していた先見性は、現在でも極めて高く評価される。

専門的な研究活動の一方で、『ニューヨーク・タイムズ』、『ニューヨーカー』、『ウォールストリート・ジャーナル』などの新聞雑誌、およびテレビやラジオなどの媒体を通じた科学の普及活動でも広く名を知られている。2013年にはドキュメンタリー映画『The Unbelievers』に進化生物学者のリチャード・ドーキンスとともに主演し、科学を重視する立場から宗教的観念に疑問を呈した（本書ではほとんど言及はないが、自称「反神論者」のクラウスは、宗教に対して一貫して批判的な姿勢を示してきた）。2014年にはNHKの「白熱教室」シリーズに出演、最先端の宇宙論をかみ砕いて解説した彼の講義は日本の視聴者からも大きな反響があった。

一般向けの著書も多く、邦訳されているものだけでも『物理の超発想　天才たちの頭をのぞく』（講談社）、『SF宇宙科学講座　エイリアンの侵略からワープの秘密まで』（日経BP）、『コスモス・オデッセイ　酸素原子が語る宇宙の物語』（紀伊国屋書店）、『物理学者はマルがお好き　牛を球とみなして始める、物理学的発想法』（早川書房）、『超ひも理論を疑う「見えない次元」はどこまで物理学か？』（早川書房）、『ファインマンさんの流儀　すべてを自分で創り出した天才の物理学人生』（早川書房）、『宇宙が始まる前には何があったのか？』（文藝春秋）、『偉大なる宇宙の物語―なぜ私たちはここにいるのか？―』（青土社）（刊行順）がある。『宇宙が始まる前には何があったのか？』の原題である「A Universe From Nothing」のタイトルで行なった講演の YouTube 動画再生数は現時点で250万に迫り、日本語字幕つきでも視聴できる（https://www.youtube.com/watch?v=7ImvlS8PLIo&t=41s）。

２０１９年には、科学の一般普及と文化との結びつき強化を目的とする独立非営利財団The Origins Project Foundationの理事長に就任し、ポッドキャストチャンネル「The Origins Podcast with Lawrence M. Krauss」のホストとして科学の普及にいっそう力を入れている。同チャンネルではゲストを招いて科学、芸術、ジャーナリズムなどをテーマに対談し、著書『時間は存在しない』（NHK出版）でよく知られる物理学者のカルロ・ロヴェッリ、世界的な心理学者スティーブン・ピンカー、オーストラリアを代表する哲学者のピーター・シンガー、ピュリッツァー賞受賞ジャーナリストのエリザベス・コルバートをはじめとするさまざまな分野の大物がこれまでに出演している。

本作の原題は『The Known Unknowns（既知の未知）』（米国版は『The Edge of Knowledge（知の境界）』）。元国防長官の発言の引用をタイトルにすることにはアメリカの出版社がストップをかけたという）。これまでの著作の大半が宇宙を扱ったものであった一方、本書は「人知が及んでいる限界と、その先の未知」とテーマの幅が広い。各章のタイトルは極めてシンプルで、聖書を連想させる構成にしていた（つまり、宗教的価値観に挑戦する姿勢をあらわにしていた）『偉大なる宇宙の物語』とは対照的だ。「はじめに」の最後で、未来を生きる次世代から見たこの本の立ち位置について言及されているように、本書には前作までよりもいっそう広い読者層に長く読んでほしいという思いが込められているのかもしれない。

とはいえ、読みごたえは十分で、特に著者の専門分野である「1　時間」「2　空間」「3　物質」は、少なくとも高校レベルの科学知識なしにすらすら読めるほど平易な内容ではない。だからこそ、自らの無知を嚙みしめながら1ページ1ページ読み進めていく楽しみがあるのだが。文系人生を歩んできた私は、たとえば宇宙にブラックホールが存在することは知っていても、その中心を表す「特異点」という概念、ましてその特異点が実際に存在するのか否かがいまだわかっていないという事実を、本書を読んで初めて知った。まさに自分のなかの「未知の未知」が「既知の未知」に変わる瞬間だった。そして、「4　生命」「5　意識」まですべての内容を読み終えたとき、現代の科学の最先端で今この瞬間も解明への努力が続けられている未知の数々を俯瞰する視点が身についていることに気づく。訳者として、この刺激的な体験を届ける媒介になれたことを願う。

本書について著者のクラウスが語っている動画がYouTubeに複数あるので、彼自身の発言をいくつか紹介して、このあとがきを締めくくることにする。

「『The Known Unknowns』というタイトルでの執筆を出版社から持ちかけられた当初は、宇宙に関する25の謎について書く予定だった。しかし、今回は物理学の枠を越えて、もっと幅広く人々の興味と重なるテーマを扱いたいと思った。実は、本作が自分にとって最後のサイエンス系の著書になるかもしれない」(https://www.youtube.com/watch?v=7j8opni19Vk)。

「どんな人にとっても、『I don't know』を受け入れることが大切だ。そうやって異なる政治的意見をもつ人たちが互いの声に耳を傾けて何かを学ぼうとすれば、世界はもっといい場所になるだろうし、教育者が学習者とともに学ぶ姿勢をもつことから新たな発見が生まれるものだ」(https://www.youtube.com/watch?v=V2JjZIQRPEc)。

「『タイムトラベルは可能か？』『地球の外にも生命体はいるのか？』、こういった疑問は誰の頭にも浮かんだことがあるはずだ。実際、これらは科学の最先端の謎でもある。そんな疑問を通して科学と一般の人をつなげたいと思った。五つのテーマいずれも重要だが、人によって興味の違いはあるから、興味のない章は飛ばしたっていい。飛ばしても問題なく読めるように書いてある」「一つの事象に対するさまざまな見方のうち、どれが知の限界を押し広げる助けになるかは個人によって違う。だからこそ、若い読者にこの本から新たな視点を得てほしい。ファインマンの本を読んだ高校生当時の私のように」(https://www.youtube.com/watch?v=eZXVC5z-Zyc)。

最後に、専門的な内容に苦しむ私を客観的な視点をもって支えていただいたKADOKAWAの堀由紀子氏、本書を含め多くの翻訳の仕事をご紹介いただいている翻訳会社リベルの皆様、「3 物質」「4 生命」の翻訳を担当された北川蒼氏に感謝と労いを贈りたい。

長尾莉紗

2024年1月

図版作成の参考文献

・大須賀健『ブラックホール　暗黒の天体をのぞいてみたら』(角川ソフィア文庫)
・公益社団法人日本天文学会HP
・NHK「宇宙白熱教室（ローレンス・クラウス)」HP

装丁・本文デザイン　高柳雅人

［著者］

ローレンス・クラウス
1954年生まれ。宇宙物理学者。イェール大学やアリゾナ州立大学で教鞭をとる。アリゾナ州立大学にて人類の起源を探求する「オリジンズプロジェクト」を創設し率いる。2012年には全米科学審議会から「公益賞」を授与された。著書に『宇宙が始まる前には何があったのか？』（文春文庫）、『偉大なる宇宙の物語』（青土社）ほか。

［訳者］

長尾莉紗（ながお りさ）
早稲田大学政治経済学部卒。英語翻訳者。訳書に『確率思考』（日経BP）、『フェイスブックの失墜』『約束してくれないか、父さん』『イスラエル諜報機関 暗殺作戦全史』（以上共訳、早川書房）、『約束の地』『マイ・ストーリー』（以上共訳、集英社）、『カリスマCEOから落ち武者になった男』（共訳、ハーパーコリンズ・ジャパン）など。

北川蒼（きたがわ そう）
早稲田大学法学部卒。英語翻訳者。訳書に『グレート・ナラティブ』（日経ナショナル ジオグラフィック）、『グレートメンタルモデル』（サンマーク出版）、『ドローン情報戦』（原書房）、『宇宙の地政学』『ヒトラーの特殊部隊 ブランデンブルク隊』（以上共訳、原書房）、『フェイスブックの失墜』（共訳、早川書房）がある。

私たちは何を知らないのか　宇宙物理学の未解決問題

2024年4月2日　初版発行

著者／ローレンス・クラウス
訳者／長尾莉紗　北川蒼
発行者／山下直久
発行／株式会社KADOKAWA
〒102-8177　東京都千代田区富士見2-13-3
電話　0570-002-301（ナビダイヤル）
印刷・製本／大日本印刷株式会社

●お問い合わせ
https://www.kadokawa.co.jp/（「お問い合わせ」へお進みください）
※内容によっては、お答えできない場合があります。
※サポートは日本国内のみとさせていただきます。
※Japanese text only

定価はカバーに表示してあります。

ISBN 978-4-04-113654-6　C0042